编织大师经典作品系列

志田瞳
四季花样毛衫编织 3

〔日〕志田瞳 著   蒋幼幼 译

河南科学技术出版社
·郑州·

目　录

Elegance Knit

端庄优雅的毛衫编织

本书介绍的套头衫和开衫，
巧妙地组合了斜纹和蕾丝花样，
以及华丽的小球花样。
用真丝与优质棉线精心编织而成，
作品显得格外雅致。

1

春之声短开衫

这是一款开襟短上衣，
仅在宽松的衣领处用纽扣固定。
纵向排列的成串花样，
加上一颗颗的小球，
洋溢着春天的气息。

使用线材／钻石线 Masterseed
Cotton
编织方法／ p.66

2

后束腰短袖套头衫

袖山的褶裥设计、
系在身后的蝴蝶结，
长款套头衫在端庄中透着优雅。
若隐若现的金属光泽
增添了华丽的感觉。

使用线材／钻石线 Masterseed
Cotton <Lame>
编织方法／p.69

3

华丽的套头披肩

这款披肩与作品 4 是两件套。
在钩针编织的边缘中加入串珠，
增加了垂感，
穿起来更加伏贴、有型。

使用线材／钻石线 Silk du Silk
编织方法／ p.72

4

优雅的吊带背心

这款吊带背心，
下摆和领口的边缘编织中
加入了珍珠。
真丝的光泽和舒适的穿着感都
非常出众。
使用线材／钻石线 Silk du Silk
编织方法／ p.73

5

玲珑的翻领套头衫

这是一款两分袖的套头衫，
沿着斜纹镂空花样排列的小球，
宛如迷人的小铃铛。
小巧的荷叶边翻领可爱又雅致。

使用线材／钻石线 Silk Elegante
编织方法／p.75

6

扇形花样半袖套头衫

半袖套头衫的扇形花样
十分优美，
由每行的斜纹镂空花样组成。
下摆和袖口的扇形边缘
更是灵活利用了花样的
特点。
这款作品非常适合用
浅粉色线编织。

使用线材／钻石线 Silk du Silk
编织方法／ p.77

7

夏日无袖套头衫

这款无袖套头衫是作品8的内搭。
大大的扇形边缘令人印象深刻，
是灵活利用花样编织而成。
作为盛夏时节的靓丽穿着，
再合适不过了。

使用线材／钻石线 Masterseed Cotton
编织方法／p.83

8

弧形门襟短外套

紫色的无纽短上衣十分优雅。
饰边采用横向编织，
然后与身片进行缝合。
如果选择不同的内搭，
作品的穿搭范围将更加广泛。

使用线材／钻石线 Masterseed
Cotton
编织方法／p.80

9

多功能镂空披肩

披肩的菱形镂空花样
显得格外轻柔凉爽。
在领口穿入细绳，
可以收紧或者展开，
不妨试试各种佩戴方式吧。

使用线材／钻石线 Silk Soierl
编织方法／p.99

Casual Knit

休闲舒适的
毛衫编织

以麻和人造丝等干爽不沾
身的线材为主，
背心和套头衫的渐变色调
更是锦上添花。
简单的花样、休闲的设计，
将为大家营造一个愉快的
夏日时光。

10

优美的修身套头衫

这款套头衫给人凉爽的快意，
通过调整编织密度，
编织出了合身的优美外形。
配套的领花装饰在宽大的领口
煞是可爱。

使用线材／钻石线 Diacosta
编织方法／ p.85

11

帅气干练的小背心

这是一款雅致的黑色紧身小背心。
深 V 领口与三角形的下摆，
加上黑白色的经典搭配，
看上去简洁干练，过目难忘。

使用线材／钻石线 Masterseed
Cotton
编织方法／ p.87

12

五分袖浅 V 领开衫

这件开衫隐约闪烁着金属光泽，
浅 V 领的设计使穿搭更加自由。
这是一款非常漂亮的作品，
无论是休闲风还是优雅风，
都能轻松驾驭。

使用线材／钻石线 Masterseed Cotton
<Lame>
编织方法／ p.89

13

盖袖低领束腰套头衫

这是用钩针和棒针编织的束腰背心，
在高腰位置变换花样，
小巧的盖袖很是迷人。
真是人人都想拥有的人气单品。

使用线材／钻石线 Masterseed Cotton
<Print>
编织方法／p.91

14

圆育克短袖套头衫

这是一款圆育克套头衫，
多色混合的段染色调
洋溢着浓浓的夏日气息。
漂亮的外形源于精密的计算，
令人赏心悦目。

使用线材／钻石线 Masterseed Cotton
<Print>
编织方法／ p.93

15

休闲风半袖开衫

为了充分体现麻线的质感，
以及漂亮的段染效果，
这款半袖开衫仅在局部设计了花样。
纽扣也只在领口部位加以固定，
整件作品十分清爽，令人欣喜。

使用线材／钻石线 Diasantafe
编织方法／p.95

Crochet Style

凉爽的夏日钩针编织

钩针编织与棒针编织的感觉
略有不同。
这里汇集了几款精美的作品，
花样简约、明朗，
给人一种夏日特有的清凉感。

16

方领菠萝花套头衫

这是一款用钩针编织的套头衫，
在格子中加入菠萝花样的设计新颖别致。
使用了专为钩针编织而开发的高级棉线，
质地柔软顺滑，穿起来也非常舒适。

使用线材／钻石线 Masterseed Cotton <Crochet>
编织方法／p.97

17

奢华的七分袖开衫

这款黑色七分袖开衫的设计十分华丽，
下摆、领口、袖口都钩织了立体花片。
夏日外出时穿着，非常实用而且百搭。

使用线材／钻石线 Masterseed Cotton
<Crochet>
编织方法／p.100

18

连接花片的百搭背心

这是一款连接花片的背心，
空心带子纱线的多色段染
线清爽明快。
变换打底衫的颜色，
可以享受各种穿搭风格。

使用线材／钻石线 Dialien
编织方法／ p.103

19

纤细的半袖套头衫

这款半袖套头衫是用纤细的真丝线
精心编织而成，
简约中透着真丝特有的典雅韵味，
看上去十分清凉。
搭配米色或白色的下装，
也一定非常漂亮。

使用线材／钻石线 Silk Domani
编织方法／ p.105

20

法式袖褶边套头衫

这款腰摆带有褶饰的上衣身片
非常简单，
下摆宽窄适度的褶裥是设计的
一大亮点。
充满女性气息的法式盖袖，
更是营造了优雅的氛围。

使用线材／钻石线 Masterseed
Cotton ＜Crochet＞
编织方法／ p.107

Winter White

雅到极致的
冬日白

21

冬日蕾丝套头衫

这是一款原白色的半高领套头衫，
真丝的光泽使华丽的花样更加
引人注目。
因为含有少量马海毛，
冬天的蕾丝花样也能穿出温暖
的感觉。

使用线材／钻石线 Diaexceed<Silkmohair>
编织方法／ p.109

22

雅致的立领套头衫

立领套头衫的设计十分雅致，
缩褶花样与锯齿花样融为一体，
人字形花样呈纵向排列，
龟甲花样的条状饰边更是令人
印象深刻。

使用线材／钻石线 Tasmanian Merino
编织方法／ p.112

23

褶饰边七分袖套头衫

这是一款偏 A 形的套头衫,
下摆、领围、袖口的褶边设计
精巧迷人。
微喇形的七分袖显得十分轻松。

使用线材／钻石线 Tasmanian Merino
〈Lame〉
编织方法／ p.115

24

紫藤花无袖套头衫

这是用松软的马海毛线编织的
无袖套头衫，
可以与作品 25 的开衫搭配成
两件套。
在紫藤花样中加入起伏针，
形成了独特的视觉效果。

使用线材／钻石线 Diamohairdeux
<Alpaca>
编织方法／ p.118

25

柔美的冬日白开衫

在高腰位置变换花样,
加上褶饰宽摆的设计,
使开衫显得更有质感,
更加华丽。
紫藤花样的小翻领柔美雅致。

使用线材／钻石线 Diamohairdeux
<Alpaca>
编织方法／ p.122

Pastel Color

清新时尚的
柔和色调

26

绝美花样半袖套头衫

这是一款精美的半袖套头衫，
三角形花样与蜿蜒流转的花样
形成绝妙的组合。
羊驼绒的自然色调
与柔软舒适的穿着感都令人十分
惬意。

使用线材／钻石线 Tasmanian Merino
<Alpaca>
编织方法／ p.124

27

阔袖口圆领套头衫

这款套头衫是在下摆和胸线
处变换花样。
宽大的袖口，浅粉色与米色的
雅致穿搭，
尽显女性成熟韵味。

使用线材／钻石线 Tasmanian
Merino
编织方法／ p.119

28

圆育克竖条花样开衫

这是一款圆育克开衫，
竖条花样的组合突显了纵向
线条。
朴实中透着精致，
散发着成熟女性的魅力。

使用线材／钻石线 Diaexceed
＜Silkmohair＞
编织方法／ p.126

Crochet Knit

靓丽迷人的
钩针编织

29

六角形花片的小外搭

这款紫色的五分袖小外搭
是由六角形花片拼接而成。
这款精心编织的作品使用的
是最新研发出的钩针编织专
用细羊毛线。

使用线材／钻石线 Tasmanian
Merino <Fine>
编织方法／ p.128

30

菠萝花样半袖套头衫

这是一款钩针编织的半袖套头衫,
在身片和袖子中心加入了菠萝花样。
下摆也装饰了菠萝花样的边缘,
增添了一抹华丽气息。

使用线材／钻石线 Tasmanian Merino <Fine>
编织方法／p.130

31

简约风修身长背心

在下胸线处变换花样，
修身的长款背心非常受欢迎。
黑白配的穿搭风格简洁利落。

使用线材／钻石线 Tasmanian Merino
<Fine>
编织方法／p.136

Big Shawl

尽显优雅气质
的宽大披肩

32

奢华的蕾丝大披肩

宽大的披肩非常华丽，
菱形蕾丝花样的交点上装饰了
一颗颗小球。
粉红色与紫色系的短距离段染
演绎出恰到好处的混合色调，
两端的小绒球极为可爱。

使用线材／钻石线 Diamohairdeux
<Alpaca> Print
编织方法／ p.138

Casual Chic

轻便雅致的马甲
和套头衫

33

修身盖袖套头衫

这是一款带盖袖的套头衫，
使用柔软的线材编织而成，
红色与粉红色系的段染效果
非常漂亮。
也可以与合身的 T 恤衫套穿。

使用线材／钻石线 Diarosette
编织方法／p.140

34

简约风冬日针织马甲

蕾丝花样与罗纹花样呈格子
状排列。
这款马甲既轻柔又暖和,
加上恰到好处的衣长,
可以享受各种叠穿的妙趣。

使用线材／钻石线
Diamohairdeux <Alpaca> Print
编织方法／ p.142

35

中性风 V 领毛衫

这款 V 领毛衫的花样既独特又有趣，
由心形蕾丝花样与麻花花样组成。
使用新型粗花呢线编织，
穿起来感觉十分舒适。

使用线材／钻石线 Tasmanian Merino
<Tweed>
编织方法／p.144

36

扇形花边短款毛衫

这款宽宽的圆翻领毛衫，
用轻柔的花式带子纱线编织
而成，
多色段染的效果特别漂亮。
下摆和袖口大大的扇形花样
是这款作品的一大亮点。

使用线材／钻石线 Diafelice
编织方法／ p.146

37

心形蕾丝花样开衫

这款 V 领开衫的花样既独特
又有趣，
由心形蕾丝花样与麻花花样
组成。
使用新型粗花呢线编织，
穿起来十分柔软且温暖。

使用线材／钻石线 Tasmanian Merino
<Malti>
编织方法／ p.133

Outer Knit

乐享花样变化
的外搭毛衫

38

阿兰花样斗篷

这是一款带衣领的短斗篷，
立体且富有创意的阿兰花样
十分新颖。
在略有寒意的日子外出时，
将是非常实用的单品。

使用线材／钻石线 Tasmanian
Merino <Tweed>
编织方法／ p.149

39

育克式连肩袖高领毛衫

身片部分是纵向排列的花样，
育克式连肩袖是从左袖向右袖
横向编织，
这款略带收腰的毛衫采用了
不同的编织方向。
袖口的翻边很符合外套的设计。

使用线材／钻石线 Tasmanian Merino
<Tweed>
编织方法／ p.152

40

时尚的披肩式外套

这是一款披肩式外套，
前身片的不对称长度十分
独特。
从左前端向右前身片连续
编织，
并在中间留出袖窿。
这可以享受自由、时尚的
穿搭方式。

使用线材／钻石线 Diadomina
编织方法／ p.155

本书使用线材一览
（图中线材为实物粗细）

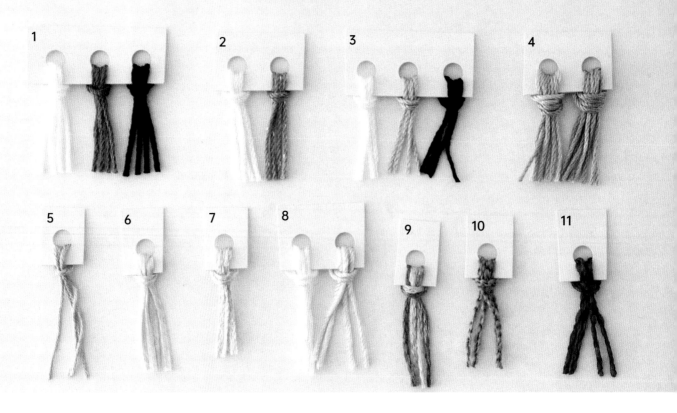

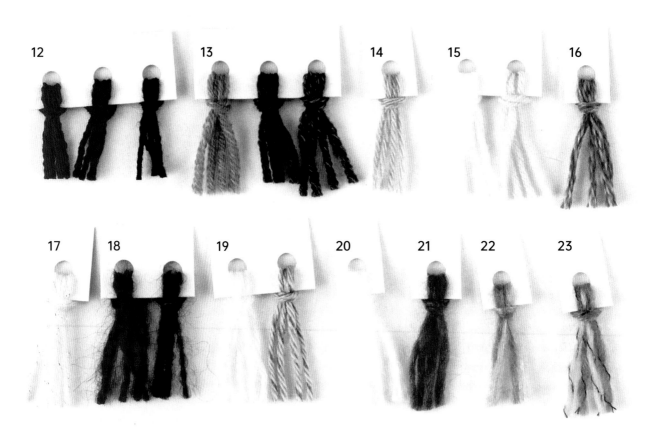

	线名（缩写）	成分	颜色数	规格	线长	粗细	使用针号	下针编织标准密度	特点
1	Masterseed Cotton（MS）	棉100%（MASTER SEED 棉）	20	30g/团	约106m	粗	4~5 号	25~27 针 34~36 行	使用新品"MASTER SEED" 高级棉加工而成的优质平直毛线，手感柔软，拥有漂亮的光泽
2	Masterseed Cotton <Lame>（MSL）	棉98%（MASTER SEED 棉）、涤纶2%	14	30g/团	约102m	粗	4~5 号	25~26 针 33~35 行	优质的"MASTER SEED"棉加上纤细的金银丝线的光泽，是一款非常雅致的夏季线材
3	Masterseed Cotton <Crochet>（MSC）	棉100%（MASTER SEED 棉）	15	30g/团	约142m	细	2/0~3/0 号	36~38 针 49~51 行	使用优质"MASTER SEED"棉加工而成的钩编线材，拥有漂亮的光泽
4	Masterseed Cotton <Print>（MSP）	棉100%（MASTER SEED 棉）	10	30g/团	约106m	粗	4~5 号	25~27 针 34~36 行	使用"MASTER SEED"棉加工而成的优质夏季线材，呈现随机变化的混染色调
5	Silk Domani（KD）	真丝100%	19	25g/团	约157m	细	2 根线合股 4~5 号	37~38 针 47~49 行	这款细丝线拥有雅致的光泽以及真丝特有的绝佳手感。用它编织细腻的花样也非常精美
6	Silk Elegante（KE）	真丝60%、棉40%	15	30g/团	约128m	粗	5~6 号	24~26 针 33~35 行	由真丝与棉混纺而成的空心带子纱线，色调雅致，清爽宜人
7	Silk Soierl（KS）	真丝20%、腈纶53%、人造丝27%	15	40g/团	约144m	粗	5~6 号	21~22 针 28~29 行	具有真丝和人造丝的光泽，织物轻柔有弹性，不易变形
8	Silk du Silk（KK）	真丝100%	12	30g/团	约110m	粗	4~5 号	26~28 针 33~35 行	拥有独特的真丝手感和漂亮的光泽，是一款高级真丝线材
9	Dialien（LE）	棉67%、涤纶33%	10	35g/团	约123m	粗	5~6 号	24~26 针 34~36 行	由棉与涤纶混纺而成的空心带子纱线，2种长间距段染线变幻出多彩的颜色
10	Diasantafe（TA）	麻34%、粘胶纤维50%、锦纶16%	16	40g/团	约128m	粗	4~5 号	24~25 针 31~32 行	麻的质感和漂亮的光泽是这款渐变段染线的独特之处
11	Diacosta（CS）	腈纶53%、人造丝47%	18	40g/团	约136m	粗	5~6 号	21~22 针 29~30 行	长距离的色彩变化令人印象深刻，这是一款富有光泽的花式线
12	Tasmanian Merino <Fine>（DTF）	羊毛100%（塔斯马尼亚美利奴羊毛）	18	35g/团	约178m	中细	（3/0~4/0 号）	33~34 针 48~50 行	这是细款的塔斯马尼亚美利奴羊毛线，细腻的钩针作品也能编织出柔软的质感
13	Tasmanian Merino <Tweed>（DTW）	羊毛100%（塔斯马尼亚美利奴羊毛）	8	40g/团	约120m	中粗	5~6 号（4/0~5/0 号）	22~23 针 30~32 行	在塔斯马尼亚美利奴羊毛线中混染少许不同的颜色，呈现粗花呢般的效果
14	Tasmanian Merino <Alpaca>（DTA）	羊驼绒30%（幼羊驼绒）、羊毛70%（塔斯马尼亚美利奴羊毛）	13	40g/团	约146m	粗	4~6 号（4/0~5/0 号）	24~26 针 34~36 行	由优质的塔斯马尼亚美利奴羊毛与羊驼绒混纺而成，是一款柔软顺滑的平直毛线
15	Tasmanian Merino（DT）	羊毛100%（塔斯马尼亚美利奴羊毛）	35	40g/团	约120m	中粗	5~6 号（4/0~5/0 号）	22~23 针 30~32 行	使用高级的塔斯马尼亚美利奴羊毛为原材料。手感柔软、织物精美是这款线材的最大特色
16	Tasmanian Merino<Malti>（DTM）	羊毛100%（塔斯马尼亚美利奴羊毛）	12	40g/团	约142m	中粗	5~6 号（4/0~5/0 号）	22~23 针 30~32 行	以塔斯马尼亚美利奴羊毛为原材料的新款平直毛线，自然的渐变色令人回味
17	Tasmanian Merino<Lame>（DTL）	羊毛97%（塔斯马尼亚美利奴羊毛）、涤纶3%	15	40g/团	约124m	中粗	5~6 号（5/0~6/0 号）	22~24 针 31~33 行	在优质的塔斯马尼亚美利奴羊毛中捻入金银丝线加工而成，是一款非常漂亮的平直毛线
18	Diamohairdeux <Alpaca> Print（MDP）	马海毛40%（小马海毛）、羊驼绒10%（幼羊驼绒）、腈纶50%	8	40g/团	约160m	中粗	6~7 号（5/0~6/0 号）	19~21 针 25~27 行	在轻柔的 Diamohairdeux <Alpaca> 线中随机加入颜色，呈现混染的效果
19	Diaexceed <Silkmohair>（EXK）	真丝35%、羊毛49%（塔斯马尼亚美利奴羊毛）、马海毛9%（小马海毛）、锦纶7%	19	40g/团	约120m	中粗	5~6 号（5/0~6/0 号）	22~24 针 30~32 行	将真丝与塔斯马尼亚美利奴羊毛混纺成平直毛线，再与柔软的小马海毛合捻，呈一款漂亮的优质毛梢
20	Diamohairdeux <Alpaca>（MD）	马海毛40%（小马海毛）、羊驼绒10%（幼羊驼绒）、腈纶50%	17	40g/团	约160m	中粗	6~7 号（5/0~6/0 号）	19~21 针 25~27 行	在小马海毛中加入幼羊驼绒混纺的毛线，手感柔软蓬松
21	Diarosette（RZ）	羊毛80%、马海毛10%（小马海毛）、锦纶10%	8	35g/团	约119m	中粗	5~6 号（4/0~5/0 号）	22~24 针 29~31 行	这是一款彩色花式线，许多颜色相互融合，微妙的渐变色调非常漂亮
22	Diafelice（FL）	马海毛22%（小马海毛）、羊毛50%、锦纶28%	10	30g/团	约111m	极粗	8~10 号（7/0~8/0 号）	17~19 针 24~26 行	华丽的色彩变化与令人惊奇的轻柔手感是这款花式空心带子纱线的特点
23	Diadomina（DD）	羊毛50%、马海毛21%（小马海毛）、锦纶29%	20	40g/团	约112m	中粗	6~7 号（5/0~6/0 号）	20~22 针 25~27 行	15 种颜色相互融合展现出美妙的渐变色彩，柔软的小马海毛使毛线表面轻微起绒，给人温暖的感觉

★线的粗细是比较笼统的表述，仅供参考。此外，下针编织标准密度的数据来自厂商。
★有关使用线材的问题，请咨询钻石毛线株式会社。
★本书编织图中凡是表示长度但未标单位的数字均以厘米（cm）为单位。

page5

1

作品的编织方法

●**材料** 钻石线 Masterseed Cotton（粗）白色（101）280g/10团，1.2cm×1cm的椭圆形纽扣 2颗

●**工具** 棒针4号、3号、2号，钩针3/0号

●**成品尺寸** 胸围96cm，肩宽35cm，衣长48.5cm，袖长40cm

●**编织密度** 10cm×10cm面积内：编织花样A 30针，36行

●**编织方法和组合方法** 身片…在下摆位置另线锁针起针后，按编织花样A编织。袖窿和领窝利用花样如图所示编织。下摆解开另线锁针的起针后编织起伏针，结束时做上针的伏针收针。袖子…编织要领与身片相同，如图所示做加减针。组合…肩部做盖针接合，胁部、袖下做挑针缝合。衣领按编织花样B更换针号编织，结束时做扭针的罗纹针收针。前门襟按编织花样C编织，利用花样的空隙作为扣眼。袖子与身片做引拔缝合。

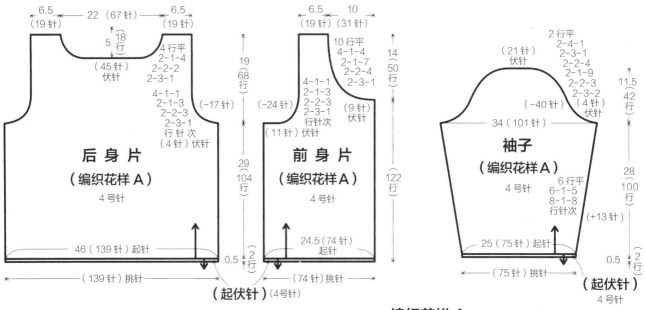

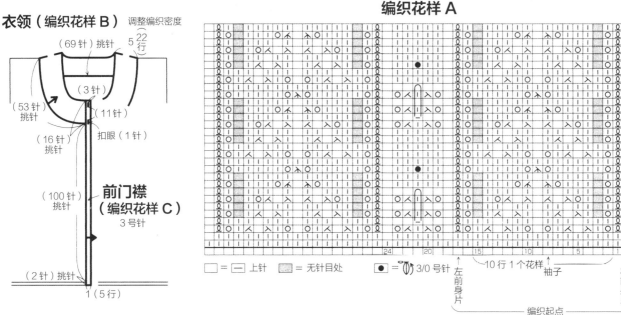

编织花样A

衣领（编织花样B）调整编织密度

前门襟（编织花样C）

□ ＝ □ 上针　　 ＝ 无针目处　　●＝ 3/0号针

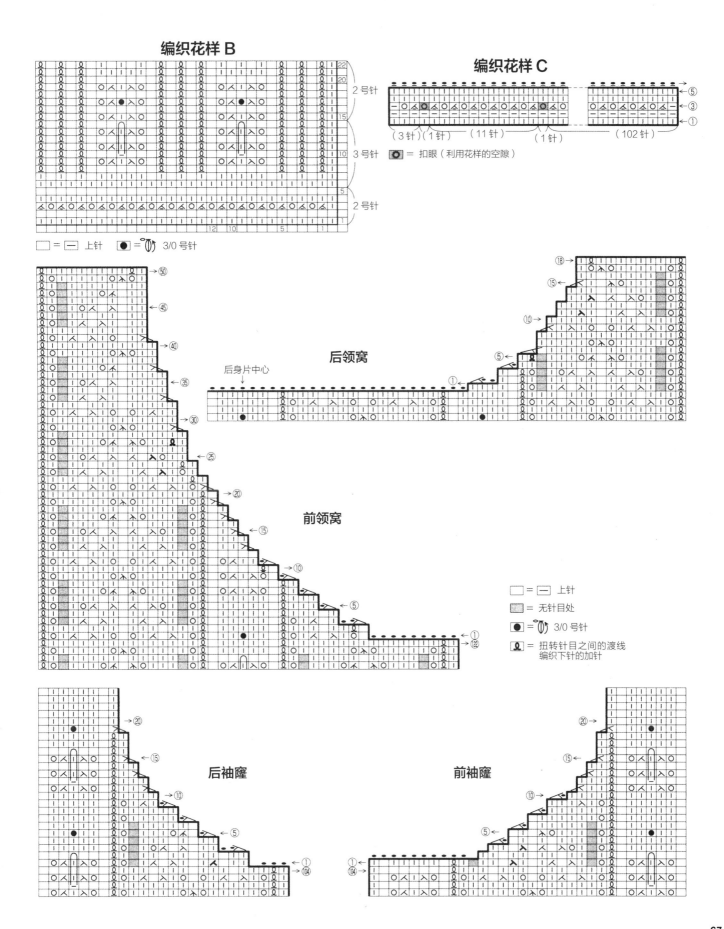

编织花样 B

2 号针
3 号针
2 号针

□ = 〔—〕上针   ● = 〔↗〕3/0 号针

编织花样 C

（ 3 针 ）（ 1 针 ）   （ 11 针 ）   （ 1 针 ）   （ 102 针 ）

◉ = 扣眼（利用花样的空隙）

后领窝

后身片中心

前领窝

后袖窿

前袖窿

□ = 〔—〕上针
▨ = 无针目处
● = 〔↗〕3/0 号针
⚇ = 扭转针目之间的渡线
编织下针的加针

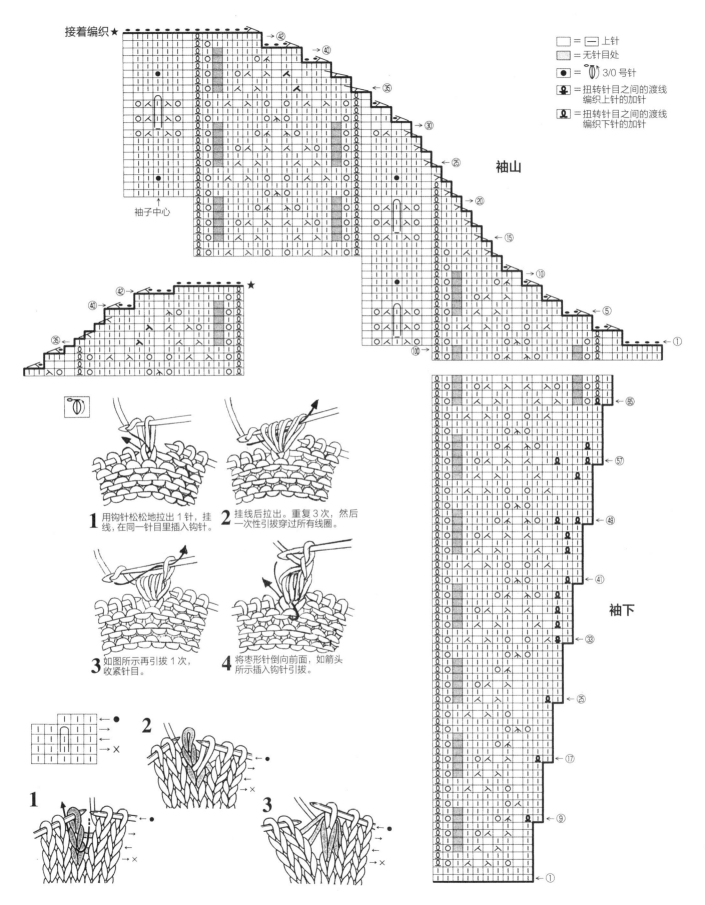

接着编织★

袖山

袖子中心

= 上针
= 无针目处
● = 3/0 号针
= 扭转针目之间的渡线编织上针的加针
= 扭转针目之间的渡线编织下针的加针

1 用钩针松松地拉出1针,挂线,在同一针目里插入钩针。

2 挂线后拉出。重复3次,然后一次性引拔穿过所有线圈。

3 如图所示再引拔1次,收紧针目。

4 将枣形针倒向前面,如箭头所示插入钩针引拔。

袖下

page7

2

●材料 钻石线 Masterseed Cotton <Lame>（粗）原白色（213）290g/10团

●工具 棒针6号、5号、4号、3号

●成品尺寸 胸围94cm，肩宽34cm，衣长59cm，袖长23cm

●编织密度 10cm×10cm面积内：编织花样A 27针，39行

●编织方法和组合方法 身片…在下摆位置另线锁针起针后，按编织花样A'编织，如图所示做分散加减针。接着按编织花样A编织，在袖窿和领窝减针。下摆解开另线锁针的起针后按编织花样B编织，结束时做扭针的罗纹针收针。袖子…按编织花样A编织，如图所示做加减针。组合…肩部做盖针接合，胁部、袖下做挑针缝合。衣领挑针后按编织花样B做环形编织。袖子在袖山折出褶裥，再与身片做引拔缝合。腰部系绳，手指挂线起针后按编织花样C编织，结束时做罗纹针收针，再将起针端缝在胁部。

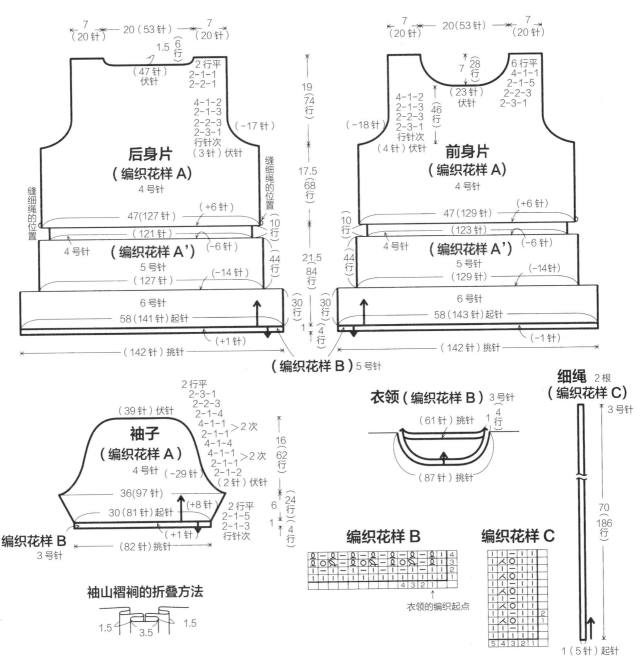

编织花样 A'与分散加减针

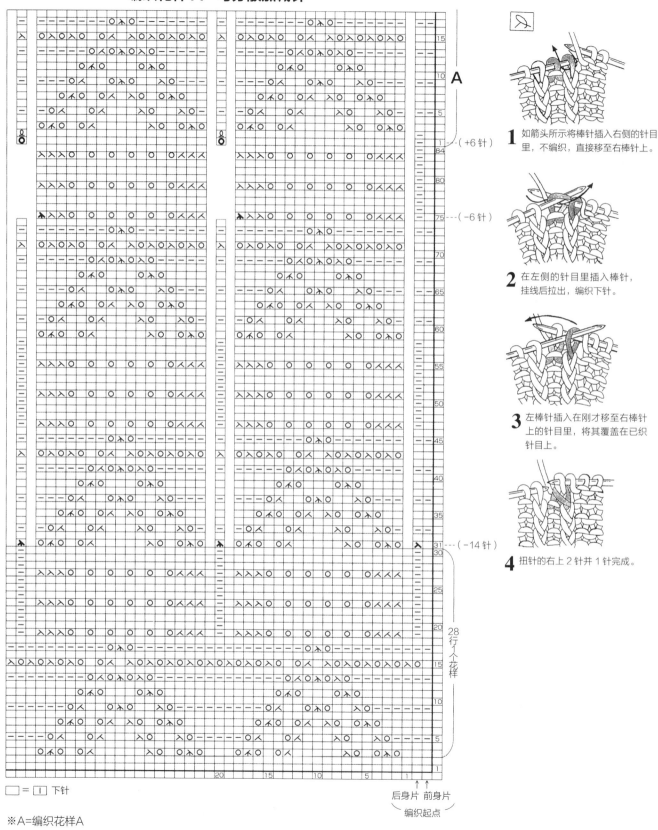

1 如箭头所示将棒针插入右侧的针目里，不编织，直接移至右棒针上。

2 在左侧的针目里插入棒针，挂线后拉出，编织下针。

3 左棒针插入在刚才移至右棒针上的针目里，将其覆盖在已织针目上。

4 扭针的右上 2 针并 1 针完成。

□ = 1 下针

※A＝编织花样A

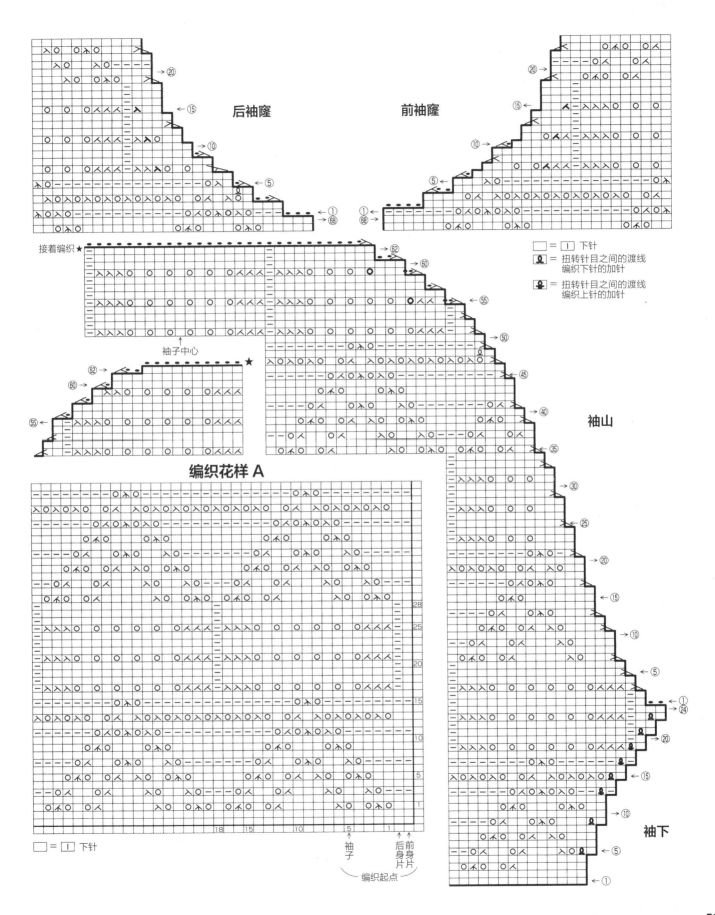

后袖窿　　前袖窿

接着编织★

袖子中心

编织花样 A

□ = 「|」 下针
❶ = 扭转针目之间的渡线
编织下针的加针
❷ = 扭转针目之间的渡线
编织上针的加针

袖山

袖下

□ = 「|」 下针

袖子　后前身身片片

编织起点

3

●**材料** 钻石线 Silk du Silk（粗）原白色（801）110g/4团，大号串珠 原白色 682颗、银粉色 328颗

●**工具** 棒针6号，钩针4/0号

●**成品尺寸** 长31.5cm

●**编织密度** 10cm×10cm面积内：编织花样 24针，28行

●**编织方法和组合方法** 披肩…手指挂线起针后按编织花样做环形编织。29针1个花样，重复10次。如图所示做分散减针，共

编织74行，结束时做伏针收针。组合…下摆按边缘编织A做环形编织。事先在线中穿入串珠。第2~4行看着反面编织，并在短针里织入银粉色串珠。第5行在指定位置的1针锁针里织入1颗或3颗原白色串珠。领口按边缘编织B做环形编织，用相同方法在指定位置织入串珠。

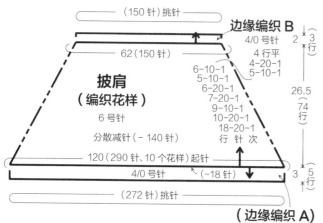

披肩（编织花样）

6号针

分散减针（-140针）

120（290针、10个花样）起针

（150针）挑针

62（150针）

边缘编织 B

4/0 号针

	行	针	次
	6-10-1		
	5-10-1		
	6-20-1		
	7-20-1		
	9-10-1		
	10-20-1		
	18-20-1		

2 { 3行
4 行平
4-20-1
5-10-1

26.5（74行）

4/0 号针 （-18针）

3 { 5行

（边缘编织 A）

（272针）挑针

编织花样

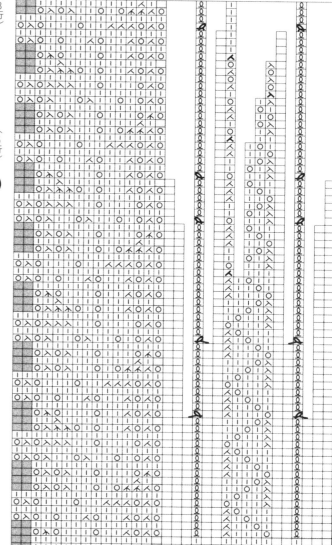

16行1个花样

8行1个花样

边缘编织 A

8针1个花样

边缘编织 B

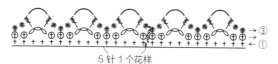

5针1个花样

① ⊕ = 在短针里织入银粉色串珠

② = 在锁针、短针、长针里织入原白色串珠

⌒ = 在1针锁针里织入3颗原白色串珠

□ = 上针 ＝ 上针 ▨ = 无针目处

page9

4

●**材料** 钻石线 Silk du Silk（粗）原白色（801）175g/6团，大号串珠 原白色403颗、银粉色195颗

●**工具** 棒针5号，钩针4/0号、3/0号

●**成品尺寸** 胸围92cm，肩宽29cm，衣长59.5cm

●**编织密度** 10cm×10cm面积内：编织花样A 28针，29行；编织花样B 25针，29行

●**编织方法和组合方法** 后身片…手指挂线起针后，按编织花样A、B编织。腰部

参照图示左右对称做分散加减针。袖窿如图所示在9针内侧减针，结束时留出肩带位置做伏针收针。前身片…编织要领与后身片相同，接着编织肩带。组合…将肩带与后身片对齐做盖针接合，肋部做挑针缝合。下摆按边缘编织A做环形编织，在第2、4行织入指定的串珠。前领窝按边缘编织A'做往返编织，两端与身片做挑针缝合。领窝的剩下部分和袖窿按边缘编织B编织。

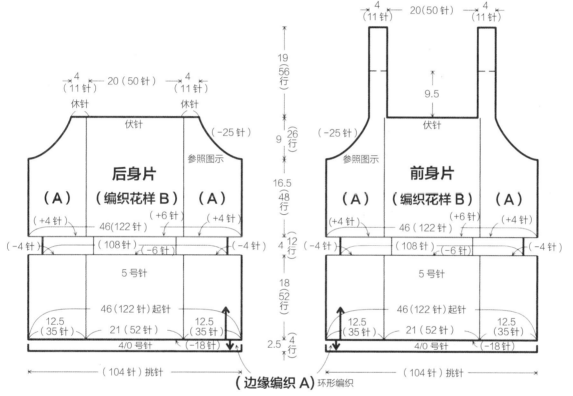

※边缘编织见p.96 　　※（A）=（编织花样A）

编织花样 B

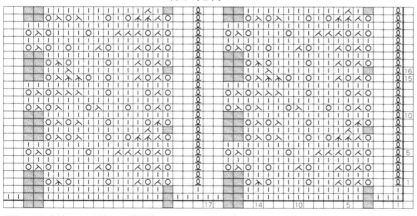

编织花样 A

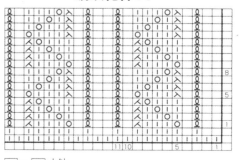

□ = ﹣ 上针　　▨ = 无针目处

□ = ﹣ 上针

腰部的分散加减针与袖窿的减针（右侧）

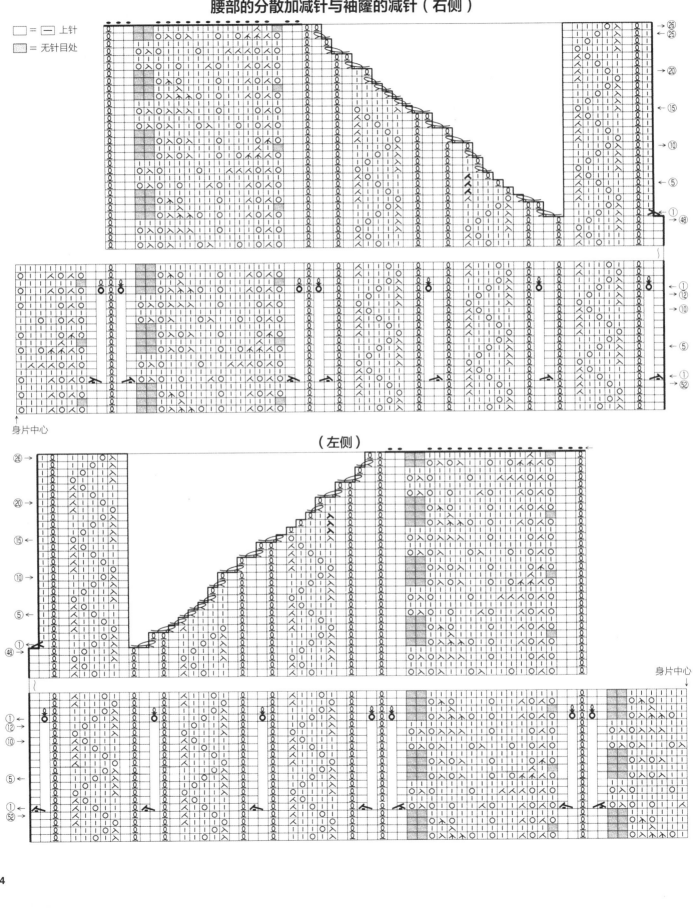

□ = □ 上针

▨ = 无针目处

（左侧）

身片中心

page10

5

●**材料** 钻石线 Silk Elegante（粗）银灰色（719）260g/9团
●**工具** 棒针6号、5号、3号，钩针2/0号
●**成品尺寸** 胸围92cm，肩宽39cm，衣长54cm，袖长8cm
●**编织密度** 10cm×10cm面积内：编织花样A 29针，34行
●**编织方法和组合方法** 身片…在下摆位置另线锁针起针后，按编织花样A编织。将袖隆的针目休针，在两端做卷针加针。前

领窝利用花样如图所示编织。下摆解开另线锁针的起针后编织起伏针，结束时利用花样的扇形边缘做上针的伏针收针，注意不要拉得太紧。袖子…袖下在侧边1针内侧做扭针加针。组合…肩部做盖针接合，袖子与身片做针与行的接合，胁部、袖下做挑针缝合。衣领按编织花样A'编织，如图所示一边调整编织密度一边做分散减针，最后与领窝做卷针缝合。

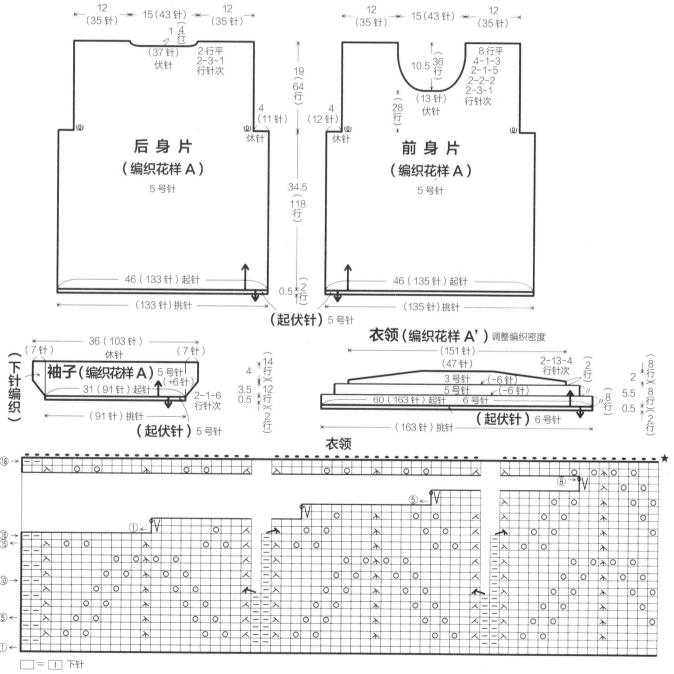

12（35针）　15（43针）　12（35针）

1　4行
（37针）伏针
2行平　2-3-1行针次

4（11针）休针

后身片（编织花样A）
5号针

46（133针）起针
（133针）挑针

（起伏针）5号针

12（35针）　15（43针）　12（35针）

8行平
4-1-3　2-1-5　2-2-2　2-3-1行针次
10.5（36行）

（13针）伏针

28行

4（12针）休针

前身片（编织花样A）
5号针

46（135针）起针
（135针）挑针

19（64行）
34.5（118行）
0.5　2行

36（103针）休针
（7针）　（7针）

袖子（编织花样A）5号针（+6针）
31（91针）起针
（91针）挑针

（下针编织）

2-1-6行针次

（起伏针）5号针

4　14行　2行
3.5　12行
0.5　2行

衣领（编织花样A'）调整编织密度

（151针）
（47针）
3号针（-6针）
5号针（-6针）
2-13-4行针次　2行
60（163针）起针
（163针）挑针

（起伏针）6号针

2　8行　8行
5.5　8行
0.5　2行

衣领

□ = 下针

18
16
15
10
5
1

① V
⑤ V
⑧ V
★

编织花样 A

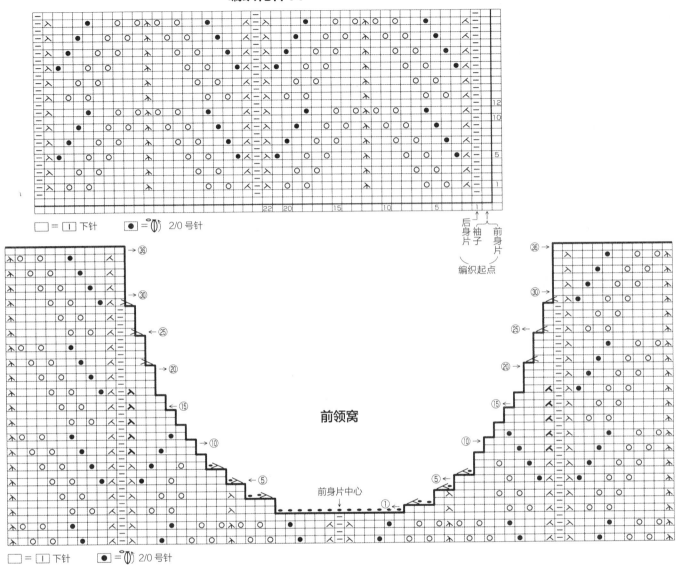

□ = □ 下针　● = ⌔ 2/0 号针

后身片　袖子　前身片

编织起点

前领窝

前身片中心

□ = □ 下针　● = ⌔ 2/0 号针

编织花样 A'与分散减针

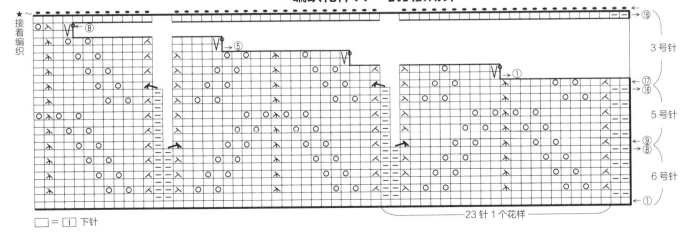

接着编织

3 号针

5 号针

6 号针

23 针 1 个花样

□ = □ 下针

6

●**材料** 钻石线 Silk du Silk（粗）浅粉色（804）220g/8团

●**工具** 棒针5号、4号

●**成品尺寸** 胸围94cm，肩宽34cm，衣长53.5cm，袖长22cm

●**编织密度** 10cm×10cm面积内：编织花样A 27针，31行

●**编织方法和组合方法** 身片…注意单元花样的针数有加减变化。在下摆位置另线锁针起针后按编织花样A'编织，如图所示做分散加减针和变换针号。接着按编织花样A编织，如图所示在袖窿和领窝减针。下摆解开另线锁针的起针后按编织花样B编织，结束时利用花样的扇形边缘做伏针收针，注意线不要拉得太紧。袖子…参照图示在袖下和袖山做加减针。组合…肩部做盖针接合，胁部、袖下做挑针缝合。衣领按编织花样B'做环形编织，结束时做上针的伏针收针。袖子与身片做引拔缝合。

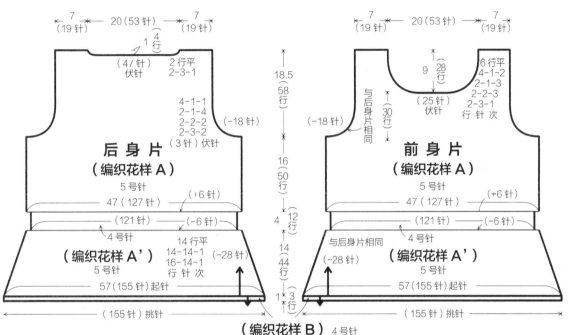

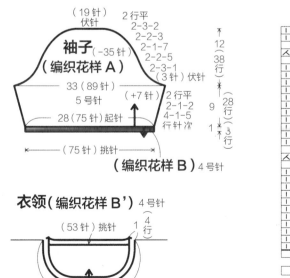

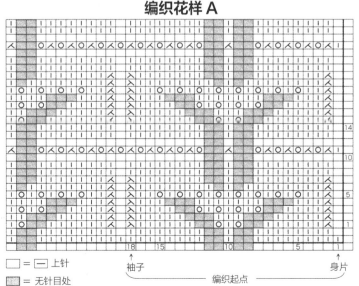

□ = 上针

▨ = 无针目处

袖子　编织起点　身片

77

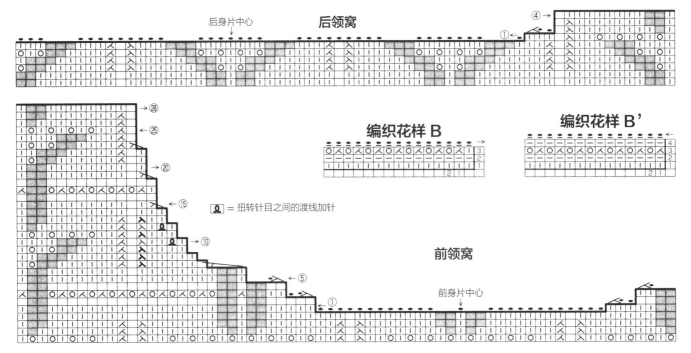

后身片中心

后领窝

编织花样 B

编织花样 B'

前领窝

前身片中心

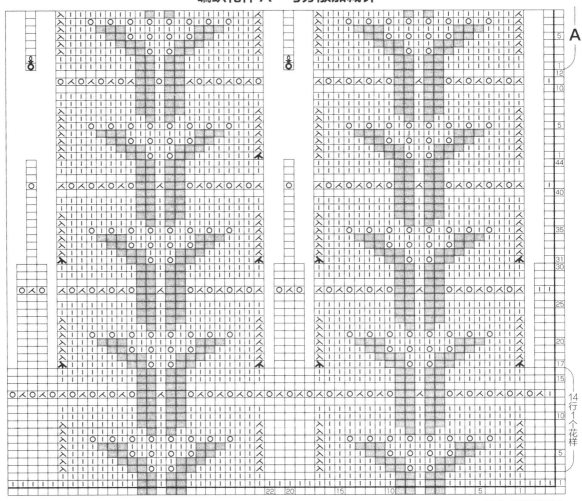

= 扭转针目之间的渡线加针

编织花样 A'与分散加减针

※A=编织花样A

□ = ─ 上针

▨ = 无针目处

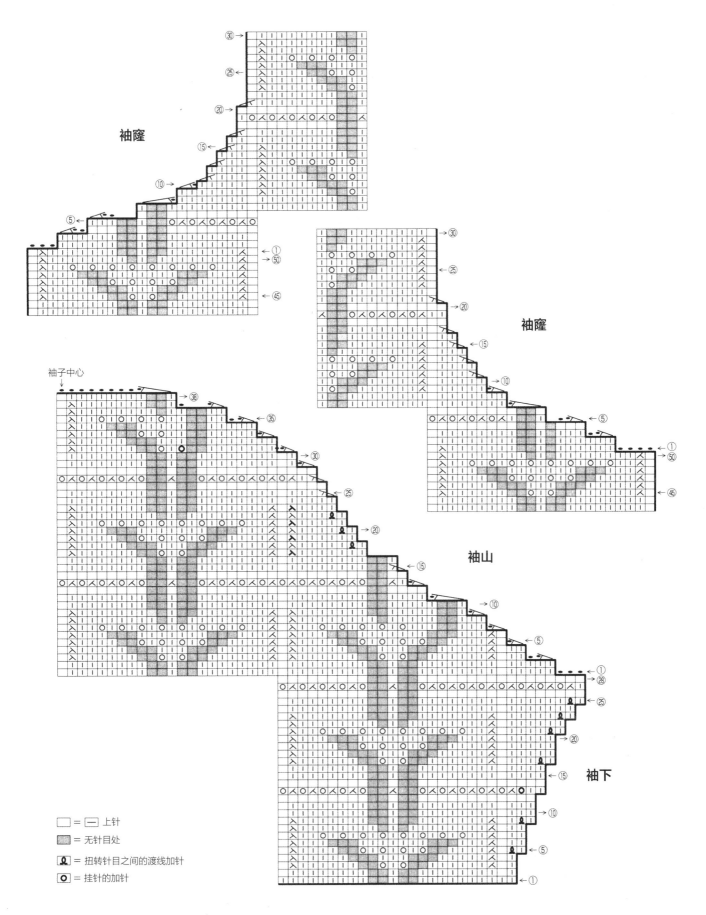

袖窿

袖窿

袖子中心

袖山

袖下

□ = ─ 上针

▨ = 无针目处

🅿 = 扭转针目之间的渡线加针

⊙ = 挂针的加针

8

●**材料** 钻石线 Masterseed Cotton（粗）紫色（120）230g/8团

●**工具** 棒针4号、3号

●**成品尺寸** 胸围94cm，肩宽34cm，衣长48.5cm，袖长26.5cm

●**编织密度** 10cm×10cm面积内：编织花样A 29针，36行

●**编织方法和组合方法** 身片…在下摆位置手指挂线起针后，按编织花样A编织。袖窿、领窝、前身片下摆如图所示做加减针。袖子…参照图示，在袖下和袖山做加减针。组合…肩部做盖针接合，胁部、袖下做挑针缝合。下摆、前门襟、衣领另线锁针起针后按编织花样B等针直编，结束时先将5针做伏针收针，将剩下的9针与编织起点做下针无缝缝合，然后解开另线锁针的起针，再与身片对齐，均匀地做挑针缝合。袖口用相同的方法按编织花样B'编织后，再与袖子做挑针缝合。袖子与身片做引拔缝合。

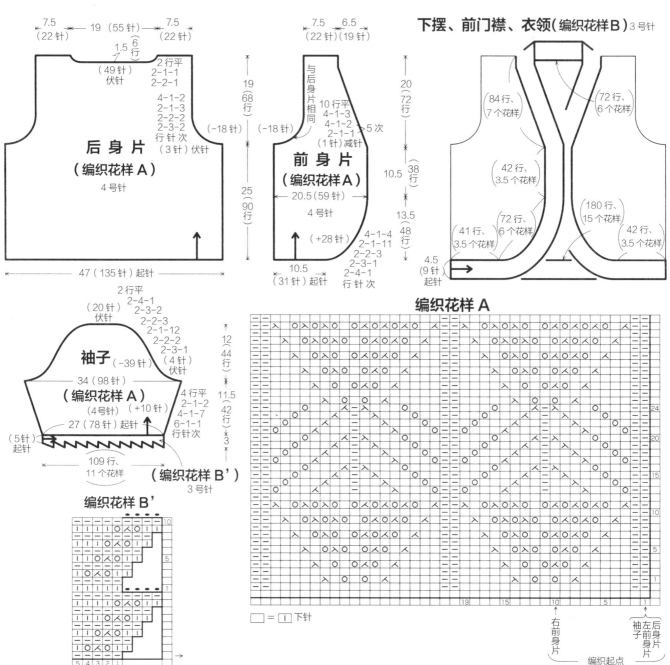

下摆、前门襟、衣领（编织花样B）3号针

后身片（编织花样A）4号针

前身片（编织花样A）4号针

袖子（编织花样A）（4号针）

编织花样A

编织花样B'

□ = ｜ 下针

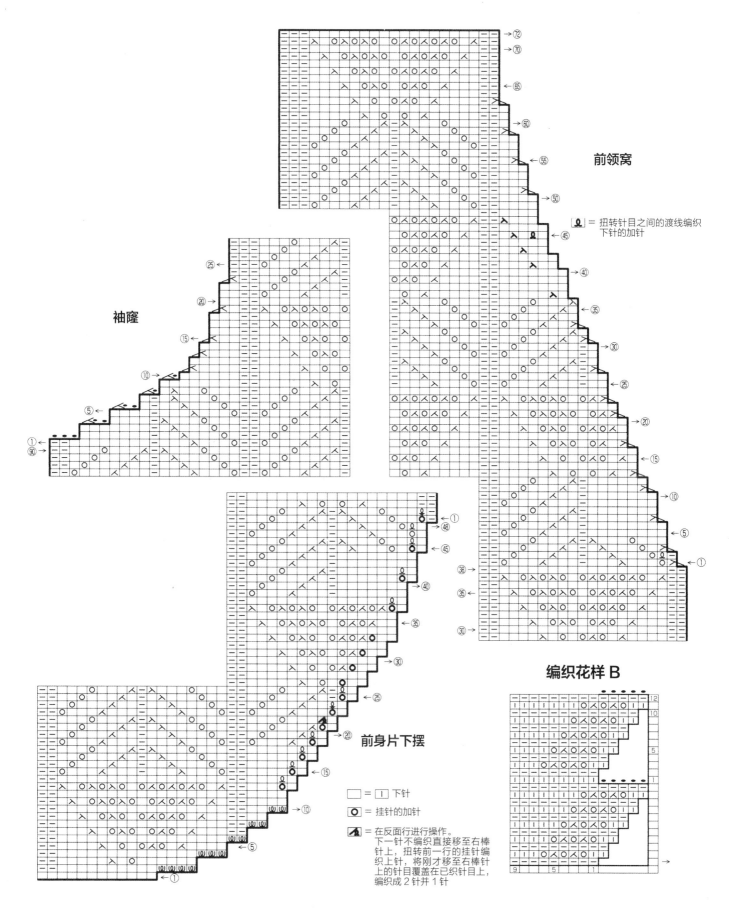

前领窝

回 = 扭转针目之间的渡线编织
下针的加针

袖窿

编织花样 B

前身片下摆

□ = ① 下针

回 = 挂针的加针

◢ = 在反面行进行操作。
下一针不编织直接移至右棒
针上，扭转前一行的挂针编
织上针，将刚才移至右棒针
上的针目覆盖在已织针目上，
编织成2针并1针

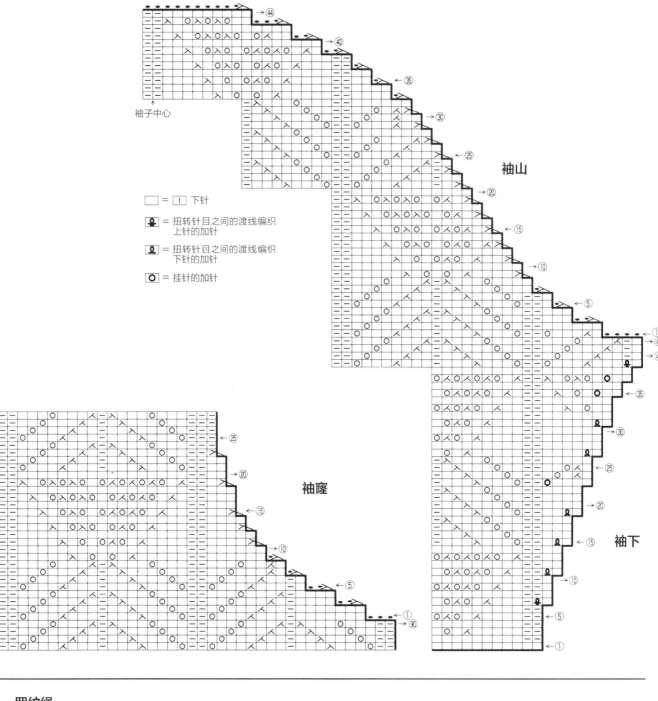

□ = 1 下针

 = 扭转针目之间的渡线编织
上针的加针

 = 扭转针目之间的渡线编织
下针的加针

O = 挂针的加针

袖子中心

袖山

袖窿

袖下

罗纹绳

①
←留出 3 倍于想要
编织长度的线头

②
←将留出的线头从
前往后挂在针上

③
←从前往后挂
在针上

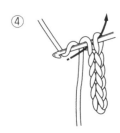

④

● **材料** 钻石线 Masterseed Cotton （粗）紫色（120）220g/8团

● **工具** 棒针5号、4号、3号

● **成品尺寸** 胸围92cm，肩宽35cm，衣长55.5cm

● **编织密度** 10cm×10cm面积内：编织花样A、B均为29针，35行

● **编织方法和组合方法** 身片…在下摆位置另线锁针起针后，按编织花样A编织。因为是每行都要编织的花样，所以反面行也

要进行操作。接着变换针号按编织花样B编织，在腰部做分散加减针。袖窿、领窝如图所示减针。下摆解开另线锁针的起针后编织起伏针，结束时做上针的伏针收针，注意线不要拉得太紧。组合…肩部做盖针接合。袖窿挑针后编织起伏针，结束时做伏针收针。胁部做挑针缝合。衣领另线锁针起针后按编织花样C编织，结束时与编织起点做下针无缝缝合，再与领窝做挑针缝合。

page14

7

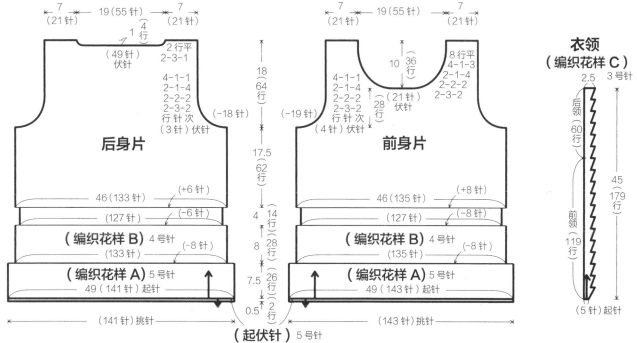

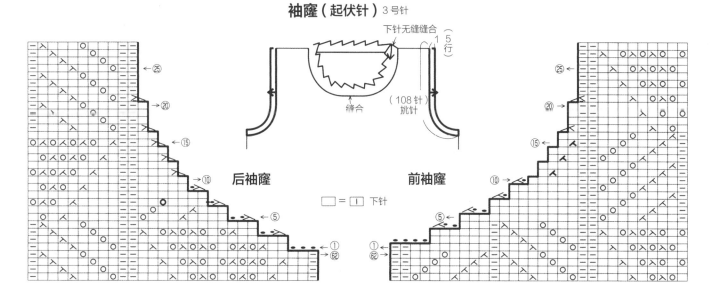

□ = ① 下针

83

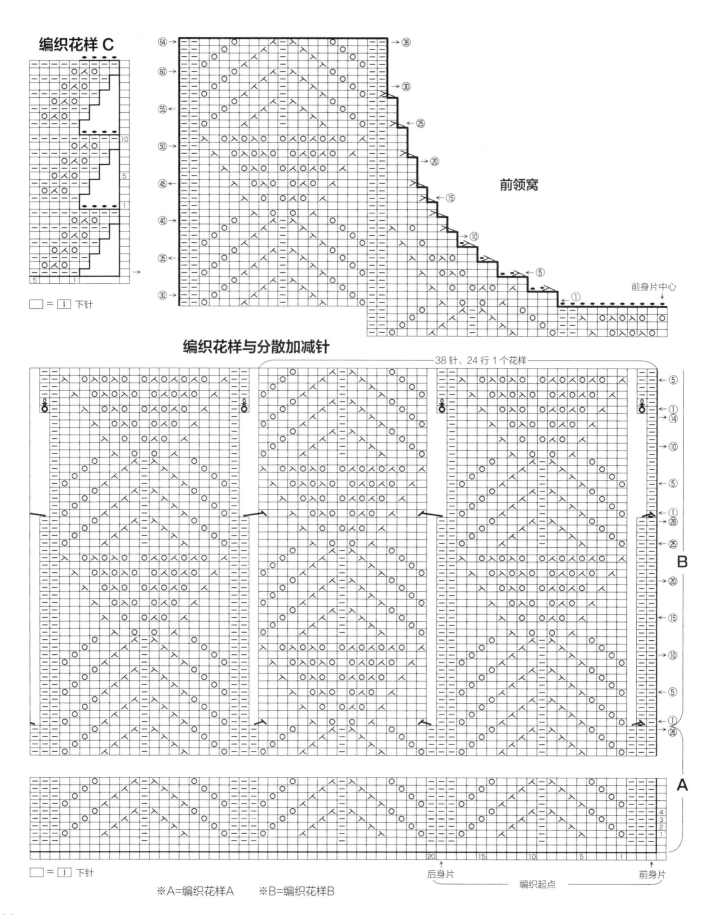

编织花样 C

□ = 1 下针

前领窝

前身片中心

编织花样与分散加减针

38针、24行1个花样

后身片　　编织起点　　前身片

□ = 1 下针

※A=编织花样A　　※B=编织花样B

84

page19

10

●**材料** 钻石线 Diacosta（粗）红色系段染（250）220g/6团，别针

●**工具** 棒针6号、5号，钩针4/0号

●**成品尺寸** 胸围92cm，肩宽34cm，衣长55cm，袖长12.5cm

●**编织密度** 10cm×10cm面积内：编织花样A、B均为26针，34行；编织花样C 25针，32行

●**编织方法和组合方法** 身片…在下摆位置另线锁针起针后，按编织花样A、B'、B、C编织，如图所示做分散加减针。袖窿、领窝做伏针减针和立起侧边1针的减针，斜肩做引返编织。下摆解开另线锁针的起针后做下针和上针的伏针收针，注意线不要拉得太紧。袖子…编织要领与身片相同，按编织花样B编织。袖口编织起伏针，结束时看着反面做伏针收针。组合…肩部做盖针接合，胁部、袖下做挑针缝合。衣领环形编织起伏针，结束时做上针的伏针收针。袖子与身片做引拔缝合。领花手指挂线起针后编织。

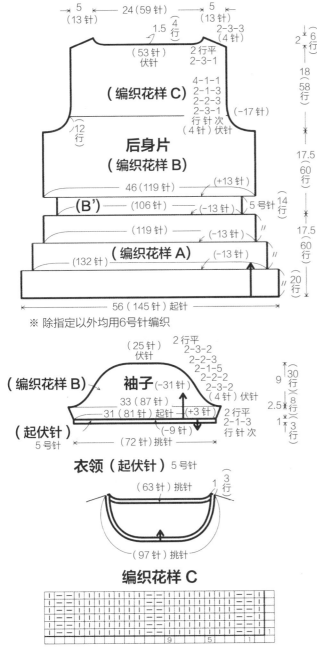

※ 除指定以外均用6号针编织

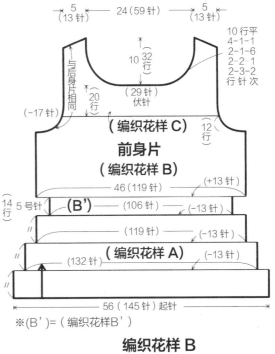

※(B')=（编织花样B'）

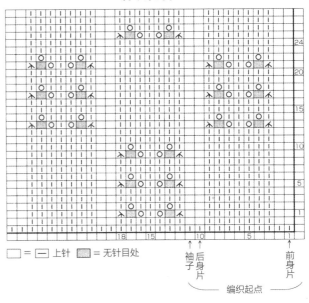

□ = □ 上针　▨ = 无针目处

编织起点

编织花样C

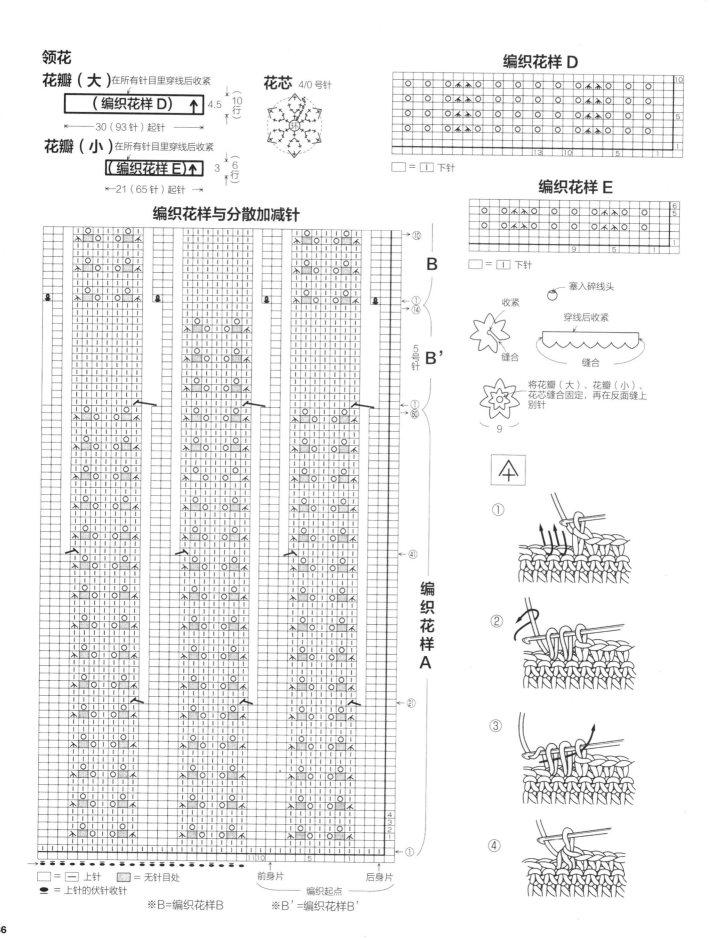

领花

花瓣（大）在所有针目里穿线后收紧

（编织花样 D）↑ 4.5 ⟨10 行⟩

←30（93针）起针→

花瓣（小）在所有针目里穿线后收紧

【编织花样 E】↑ 3 ⟨6 行⟩

←21（65针）起针→

花芯 4/0 号针

编织花样 D

□ = Ｉ 下针

编织花样 E

□ = Ｉ 下针

塞入碎线头

收紧

缝合

穿线后收紧

缝合

将花瓣（大）、花瓣（小）、
花芯缝合固定，再在反面缝上
别针

9

编织花样与分散加减针

B

B'

5号针

编织花样 A

①
①
①
②
③
④

□ = ⟨—⟩ 上针   无针目处

● = 上针的伏针收针

前身片   后身片

编织起点

※B=编织花样B   ※B'=编织花样B'

page20

11

●**材料** 钻石线 Masterseed Cotton（粗）黑色（115）170g/6团，直径1.5cm的纽扣4颗

●**工具** 棒针4号、3号

●**成品尺寸** 胸围93.5cm，肩宽35cm，衣长45cm

●**编织密度** 10cm×10cm面积内：编织花样27针，36行

●**编织方法和组合方法** 后身片…在下摆位置另线锁针起针后，按编织花样编织。

袖窿和领窝做伏针减针和立起侧边1针的减针，斜肩做留针的引返编织。下摆解开另线锁针的起针后编织扭针的单罗纹针，结束时做扭针的罗纹针收针。前身片…另线锁针起针后开始编织，如图所示在前身片下摆做引返编织。组合…肩部做盖针接合。前身片下摆、前门襟、衣领、袖窿挑针后编织扭针的单罗纹针，在下摆的转角处如图所示加针，在右前门襟留出扣眼。胁部做挑针缝合。

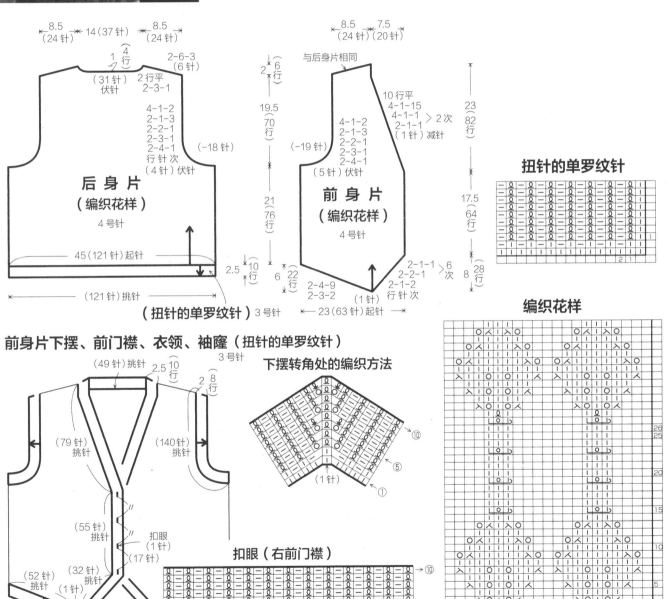

后身片（编织花样）4号针

前身片（编织花样）4号针

（扭针的单罗纹针）3号针

扭针的单罗纹针

编织花样

前身片下摆、前门襟、衣领、袖窿（扭针的单罗纹针）3号针

下摆转角处的编织方法

扣眼（右前门襟）

□ = □ 上针

前身片　后身片

编织起点

右前下摆

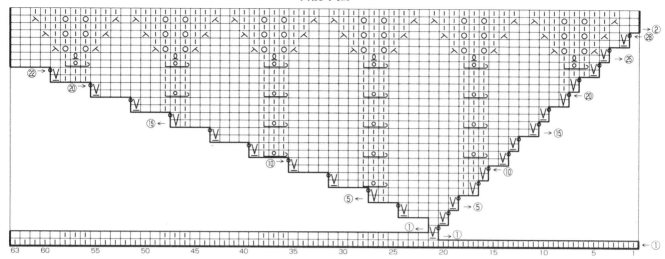

左前下摆

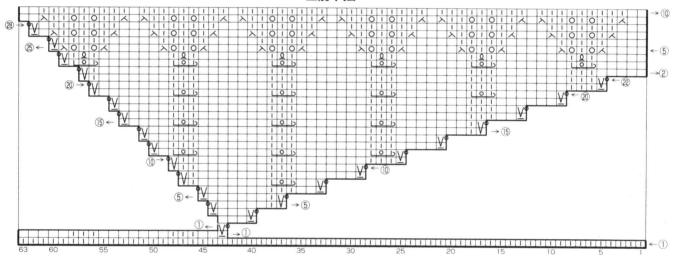

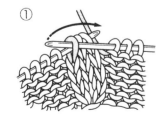

①

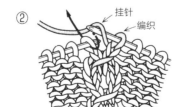

② 挂针 / 编织

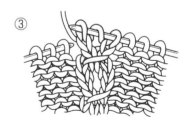

③

page21

12

● 材料 钻石线 Masterseed Cotton <Lame>（粗） 灰色（211）330g/11团，直径1.8cm的纽扣 5颗

● 工具 棒针6号、3号

● 成品尺寸 胸围96cm，肩宽35cm，衣长56cm，袖长31cm

● 编织密度 10cm×10cm面积内：上针编织 28针，35行；编织花样A、A'均为31针，35行

● 编织方法和组合方法 身片…在下摆位置另线锁针起针后，按上针和编织花样A、A'编织。胁部、袖窿、领窝在侧边做加减针，并且如图所示做分散减针。斜肩做引返编织。下摆解开另线锁针的起针后按编织花样B编织，结束时做扭针的罗纹针收针。袖子…编织要领与身片相同。组合…肩部做盖针接合，胁部、袖下做挑针缝合。前门襟、衣领按编织花样B编织，利用花样的空隙当作扣眼。袖子与身片做引拔缝合。

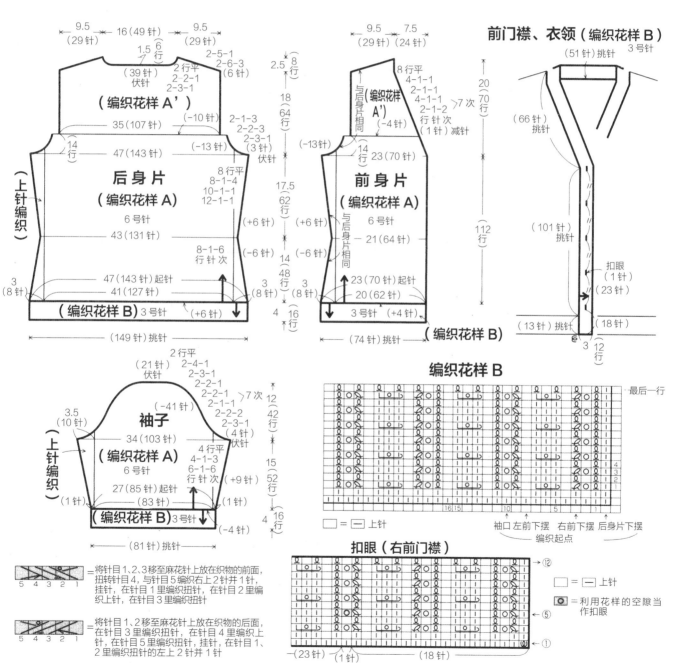

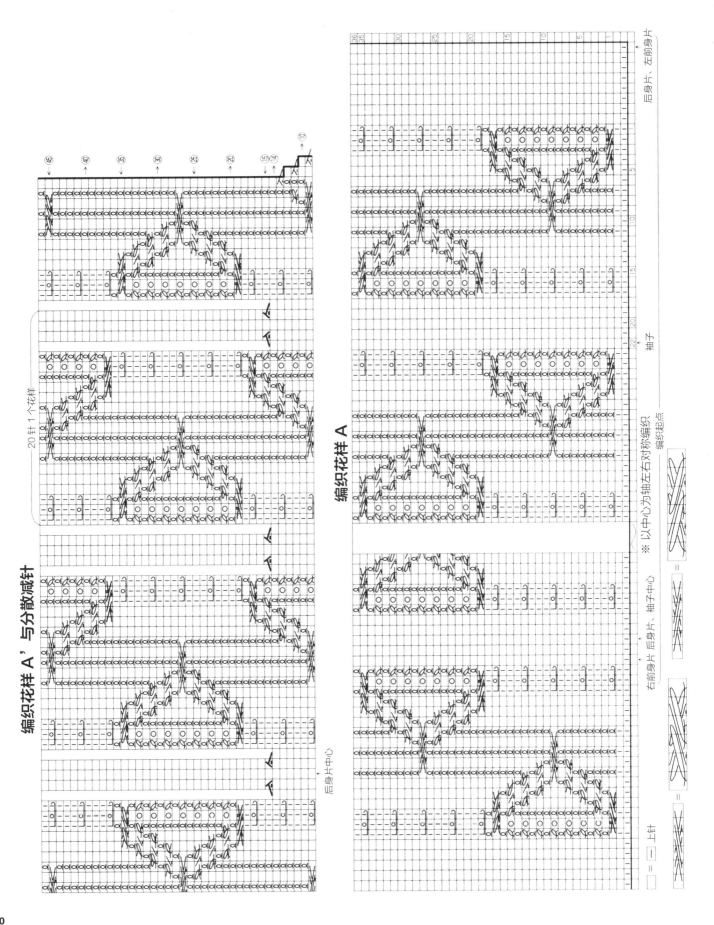

编织花样 A' 与分散减针

编织花样 A

20 针 1 个花样

后身片中心

右前身片 后身片、袖子中心

※ 以中心为轴左右对称编织

编织起点

后身片、左前身片

袖子

= 上针

page23

13

●**材料** 钻石线 Masterseed Cotton <Print>（粗）灰色渐变与紫色混染（501）280g/10团

●**工具** 棒针5号、4号，钩针3/0号

●**成品尺寸** 胸围94cm，肩宽36cm，衣长65.5cm，袖长10cm

●**编织密度** 10cm×10cm面积内：编织花样A 31针，12行；编织花样B 27针，34行

●**编织方法和组合方法** 身片…锁针起针后按编织花样A环形编织，如图所示在指定行做分散加针。身片的上半部分从Y形针上挑取1针，从3针锁针上按"下针、挂针"的要领成段挑针，挑取指定的针数。在两端做卷针加针后按编织花样B编织，如图所示做加减针。下摆从每针里挑取1针后，按编织花样B'环形编织，结束时做下针下针上针织上针的伏针收针。袖子…如图所示，按编织花样A编织。组合…肩部做盖针接合，胁部做挑针缝合。袖子与身片之间做引拔缝合，再在袖隆底端钩织短针调整形状。

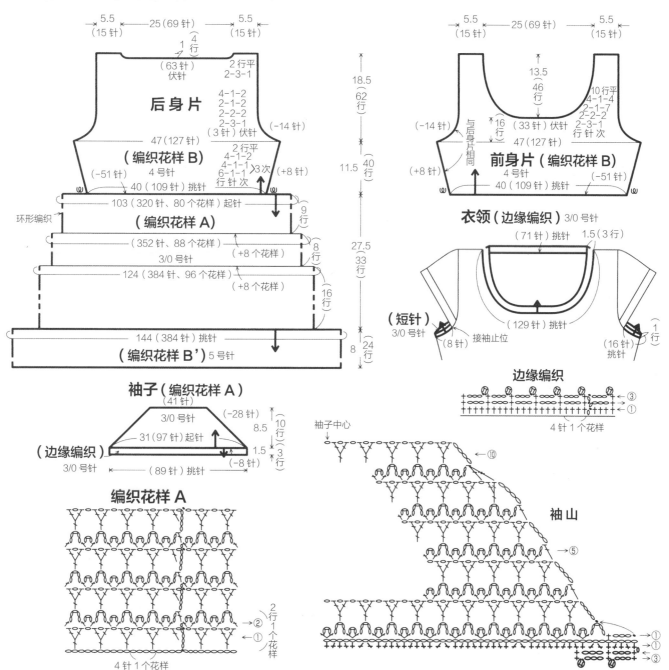

后身片

前身片（编织花样B）

（编织花样B）4号针

（编织花样A）

袖子（编织花样A）

编织花样A

衣领（边缘编织）3/0号针

边缘编织

袖山

袖子中心

91

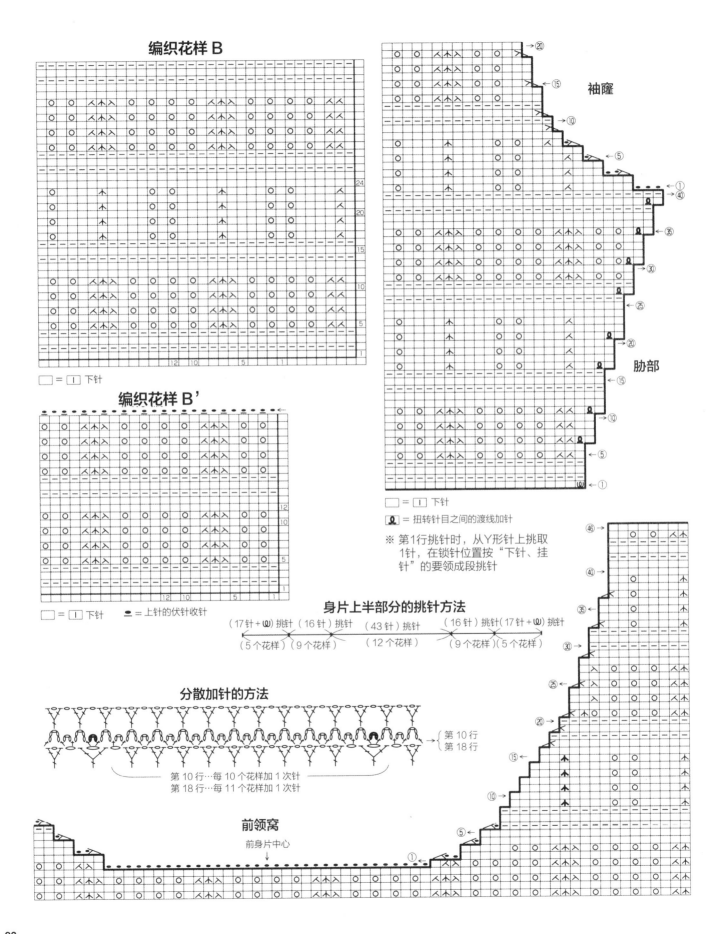

编织花样 B

□ = ①下针

24
20
15
10
5
1

12　10　　5　　1

编织花样 B'

12
10
5
1

12　10　　5　　1

□ = ①下针　　● = 上针的伏针收针

身片上半部分的挑针方法

（17针+ⓦ）挑针　（16针）挑针　（43针）挑针　（16针）挑针（17针+ⓦ）挑针

（5个花样）（9个花样）　（12个花样）　（9个花样）（5个花样）

分散加针的方法

第10行
第18行

第10行…每10个花样加1次针
第18行…每11个花样加1次针

前领窝

前身片中心

袖窿

胁部

□ = ①下针

ⓠ = 扭转针目之间的渡线加针

※ 第1行挑针时，从Y形针上挑取
1针，在锁针位置按"下针、挂
针"的要领成段挑针

20
15
10
5
1
40
35
30
25
20
15
10
5
1

46
40
35
30
25
20
15
10
5
1

page24

14

●**材料** 钻石线 Masterseed Cotton <Print>（粗）米色渐变、黄色与橘黄色混染（504）220g/8团

●**工具** 棒针5号、4号、3号

●**成品尺寸** 胸围92cm，衣长56cm，连肩袖长33.5cm

●**编织密度** 10cm×10cm面积内：编织花样A、B均为26针，35行

●**编织方法和组合方法** 整体采用环形编织。身片…在下摆位置单罗纹针起针后按编织花样A编织，在腰部如图所示做分散加减针。然后将前身片、腋下的针目休针，在后身片接着往返编织8行（前后差）。育克…在袖口另线锁针起针，再从身片挑取指定针数，按编织花样B编织。从右袖口后侧3针的位置开始，按后身片、左袖口、前身片、右袖口的顺序挑针。注意袖子做下针挑针，身片部分一边挑针一边减针，如图所示做分散减针。组合…衣领、袖口按编织花样C、C'编织，结束时做扭针的罗纹针收针。

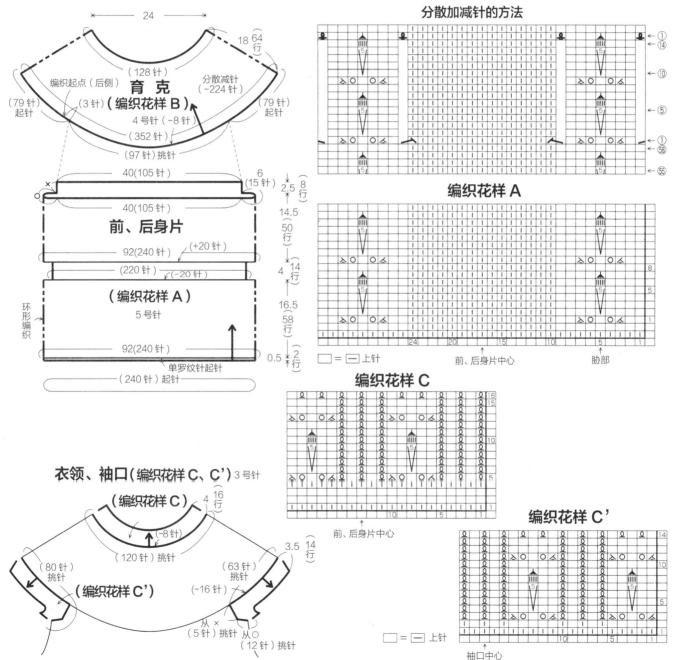

93

编织花样 B

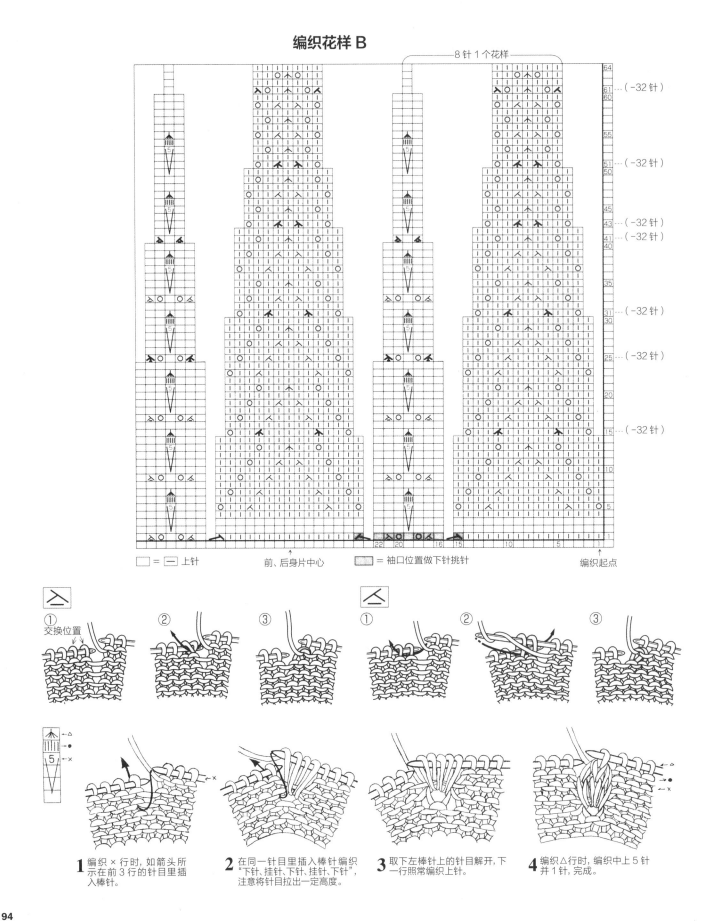

□ = ⊟ 上针　　前、后身片中心　　▨ = 袖口位置做下针挑针　　编织起点

1 编织 × 行时，如箭头所示在前 3 行的针目里插入棒针。

2 在同一针目里插入棒针编织"下针、挂针、下针、挂针、下针"，注意将针目拉出一定高度。

3 取下左棒针上的针目解开，下一行照常编织上针。

4 编织 △ 行时，编织中上 5 针并 1 针，完成。

15

●**材料** 钻石线 Diasantafe（粗）蓝色渐变、绿色与茶色段染（541）300g/8团，直径2.2cm的纽扣 3颗

●**工具** 棒针5号、3号

●**成品尺寸** 胸围96cm，肩宽34cm，衣长62cm，袖长25cm

●**编织密度** 10cm×10cm面积内：上针编织26针，32行；编织花样28针，32行

●**编织方法和组合方法** 身片…在下摆位置另线锁针起针后，做上针编织和编织花样。袖窿和领窝做伏针减针和立起侧边1针的减针，斜肩做引返编织。下摆解开另线锁针的起针后编织双罗纹针，结束时做罗纹针收针。袖子…编织要领与身片相同，如图所示做加减针。组合…肩部做盖针接合，胁部、袖下做挑针缝合。衣领、前门襟挑针后编织双罗纹针，在右前门襟留出扣眼。袖子与身片做引拔缝合。

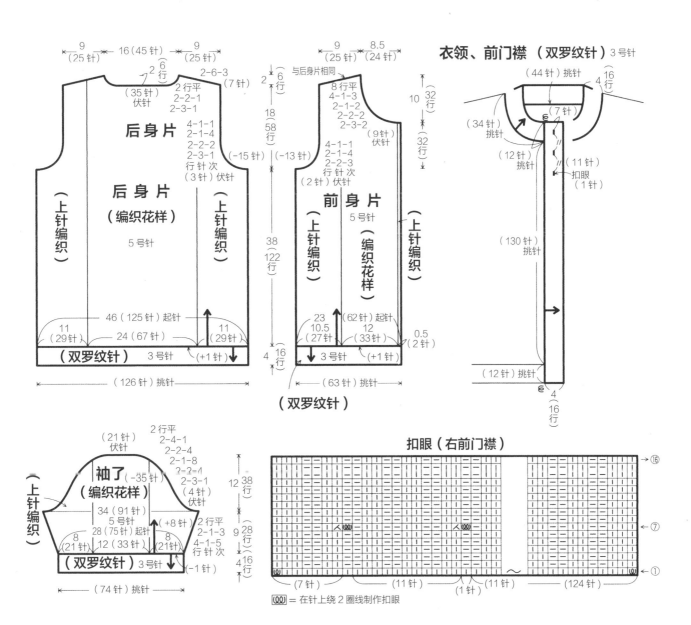

后身片

后 身 片（编织花样）5号针

（上针编织）

9（25针） 16（45针） 9（25针）

2 行

（35针）伏针

2-6-3（7针）

2 行平

2-2-1

2-3-1

4-1-1

2-1-4

2-2-2

2-3-1 行针次（3针）伏针（-15针）

46（125针）起针

11（29针） 24（67针） 11（29针）

（双罗纹针）3号针 （+1针）

（126针）挑针

前身片

前 身 片（编织花样）5号针

9（25针） 8.5（24针）

与后身片相同

8 行平

4-1-3

2-1-2

2-2-2

2-3-2（9针）伏针

4-1-1

2-1-4

2-2-3 行针次（2针）伏针（-13针）

23 10.5（27针） 12（33针） 0.5（2针）

（62针）起针

（上针编织）

（双罗纹针）3号针 （+1针）

（63针）挑针

2 6 行

18（58行）

38（122行）

4 16行

10 32行 32行

衣领、前门襟（双罗纹针）3号针

（44针）挑针 4 16行

（7针）挑针

（34针）挑针

（12针）挑针

（11针）扣眼（1针）

（130针）挑针

（12针）挑针 4（16行）

袖了（编织花样）

（21针）伏针

2 行平

2-4-1

2-2-4

2-1-8

2-3-4

2-3-1（4针）伏针（-35针）

34（91针）5号针

28（75针）起针（+8针）

2 行平

2-1-3

4-1-5 行针次

8（21针） 12（33针） 8（21针）

（双罗纹针）3号针（-1针）

（74针）挑针

12 38行

9 28行

4 16行

扣眼（右前门襟）

→⑯

→⑦

→①

（7针）（11针）（1针）（11针）（124针）

人 (00) = 在针上绕2圈线制作扣眼

编 织 花 样

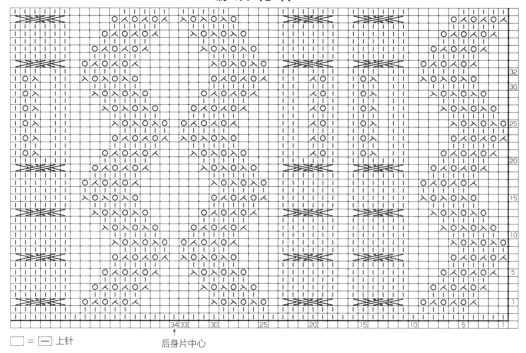

□ = ─ 上针

后身片中心

※ 接 p.73 的作品 4

前领、袖窿（边缘编织）

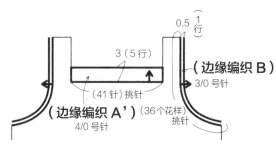

0.5 $\binom{1}{行}$

3（5行）

（边缘编织 B）

3/0 号针

（41 针）挑针

（边缘编织 A'）（36 个花样）

4/0 号针　　　挑针

领窝（边缘编织 B）3/0 号针

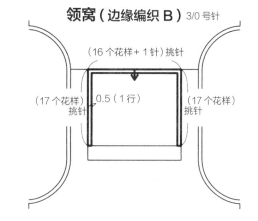

（16 个花样 + 1 针）挑针

（17 个花样）　0.5（1 行）　（17 个花样）

挑针　　　　　　　　　　挑针

边缘编织 A

8 针 1 个花样

④

①

⊕ ⊖ = 在短针、锁针里织入银粉色串珠

● = 在锁针里织入原白色串珠

∩ = 在 1 针锁针里织入 3 颗原白色串珠

边缘编织 A'

⑤

剪线

①

剪线

8 针 1 个花样

边缘编织 B

·◦◦◦·◦◦◦·◦◦◦· →①

1 个花样

16

●**材料** 钻石线 Masterseed Cotton <Crochet>（细）白色（301）215g/8团
●**工具** 钩针2/0号
●**成品尺寸** 胸围92cm，肩宽35cm，衣长53cm，袖长20.5cm
●**编织密度** 1个花样21针6.5cm，10cm15行
●**编织方法和组合方法** 身片…在下摆位置锁针起针后，按编织花样编织。袖窿、领窝、斜肩参照图1和图2编织。袖子…参

照图3，在袖下和袖山做加减针。组合…肩部根据针目状态钩织"1~2针引拔针、2针锁针"做锁针接合，胁部、袖下钩织"1针引拔针、4针锁针"做锁针缝合。下摆、袖口一边挑针一边平均减针，按边缘编织A做环形编织。衣领挑针后按边缘编织A'编织，如图所示在前领转角处减针。袖子与身片钩织"1针引拔针、3针锁针"做锁针缝合。

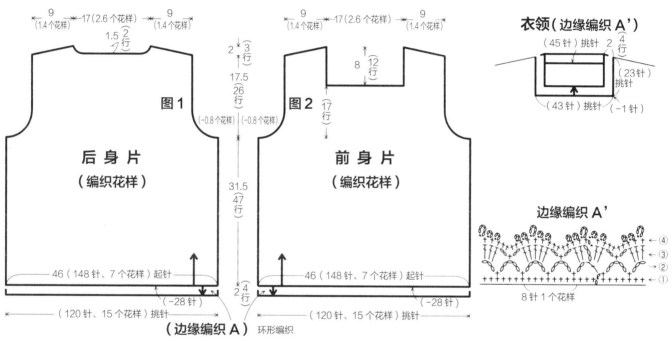

图1 后身片（编织花样）

图2 前身片（编织花样）

9（1.4个花样）　17（2.6个花样）　9（1.4个花样）
1.5（2行）
2（3行）
17.5（26行）（-0.8个花样）
8（12行）（17行）
31.5（47行）
46（148针、7个花样）起针
2（4行）
（-28针）
（120针、15个花样）挑针
（边缘编织A）环形编织

衣领（边缘编织A'）

（45针）挑针　2（4行）
（23针）挑针
（43针）挑针　（-1针）

边缘编织A'

④③②①
8针 1个花样

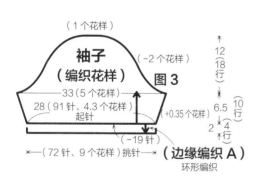

袖子（编织花样）图3
33（5个花样）
28（91针、4.3个花样）起针
12（18行）
6.5（10行）
2（4行）
+0.35个花样
（-19针）
（72针、9个花样）挑针 （边缘编织A）
环形编织

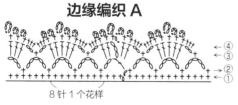

边缘编织A

④③②①
8针 1个花样

编织花样

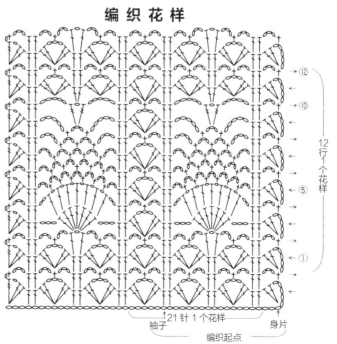

⑫⑩⑤①
12行 1个花样
21针 1个花样
袖子　身片
编织起点

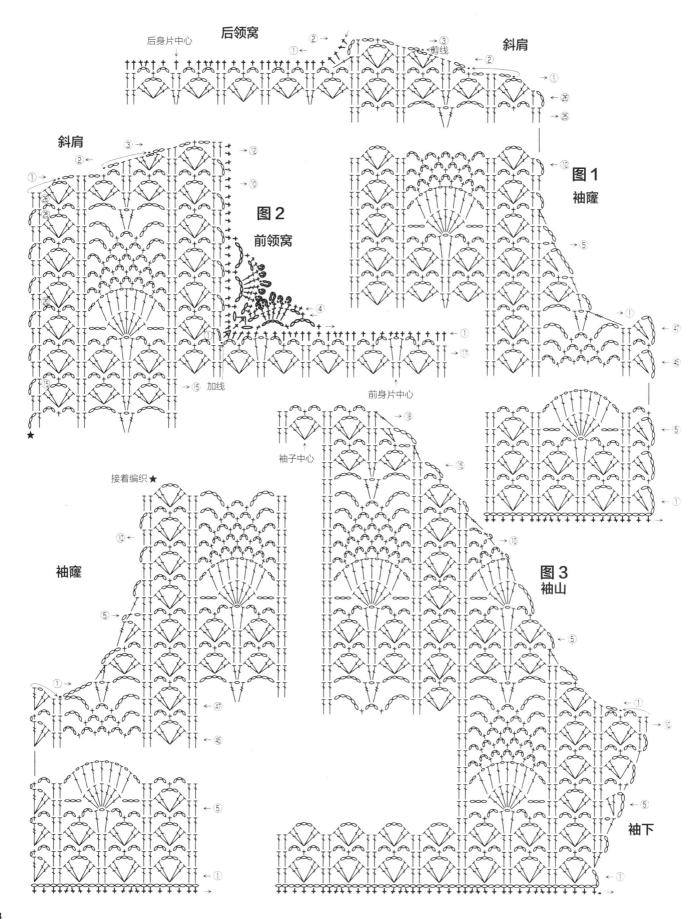

后身片中心　后领窝　斜肩

图1　袖窿

斜肩　图2　前领窝

袖子中心　前身片中心　图3　袖山

接着编织★　袖窿　袖下

加线

page17

9

●**材料** 钻石线 Silk Soierl（粗）浅蓝色（313）135g/4团

●**工具** 棒针5号，钩针4/0号

●**成品尺寸** 宽45cm，长117cm

●**编织密度** 10cm×10cm面积内：编织花样A 18.5针，32行；编织花样B 20针，32行

●**编织方法和组合方法** 披肩…另线锁针起针后，按编织花样A、B和起伏针直编362行。组合…在编织终点做边缘编织。编织花样B位置重复"在3针里插入钩针钩织短针、7针锁针、往回4针引拔、3针锁针"，编织花样A与起伏针位置则在4针里一起钩织短针。编织起点侧解开另线锁针的起针，用相同的方法做边缘编织。最后钩织罗纹绳，穿在编织花样B的位置。

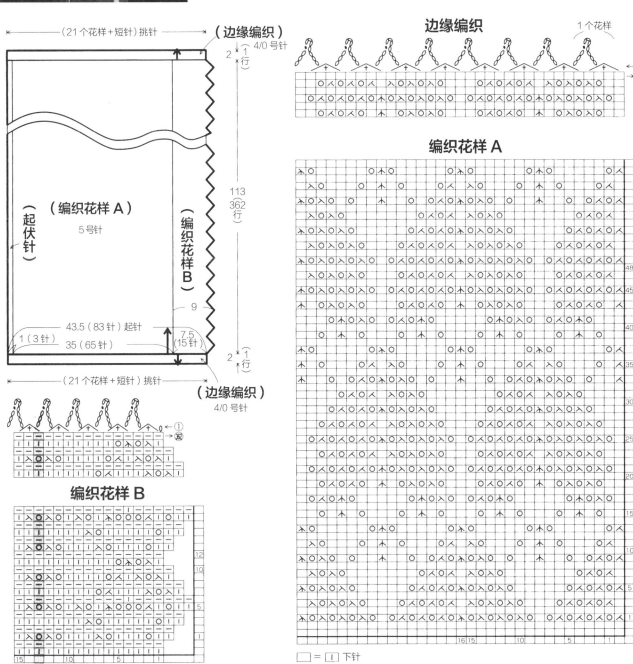

边缘编织

1个花样

4/0号针

编织花样 A

（21个花样＋短针）挑针

（边缘编织） 4/0号针 2 ↓↑1行

113 362行

（起伏针）（编织花样 A）5号针 （编织花样 B）

43.5（83针）起针
35（65针）
1（3针）
7.5（15针）
9

（21个花样＋短针）挑针

（边缘编织） 4/0 号针 2 ↓↑1行

编织花样 B

细绳 罗纹绳 180cm 4/0号针（参照p.82）

□ = 〔|〕 下针

page29

17

●**材料** 钻石线 Masterseed Cotton <Crochet>（细）黑色（315）400g/14团，直径1.5cm的纽扣 7颗

●**工具** 钩针3/0号、2/0号

●**成品尺寸** 胸围97cm，衣长54.5cm，连肩袖长60cm

●**编织密度** 10cm×10cm面积内：编织花样33针，15行；花片的边长为6cm

●**编织方法和组合方法** 身片…锁针起针后按编织花样编织，在胁部做加减针。花片环形起针，钩织7圈。如图所示排列，从第2片开始与相邻花片做引拔连接。袖子…编织要领与身片相同。组合…在编织花样的上、下侧一边钩织"4针短针、3针锁针的狗牙针"，一边与身片、袖子的花片做连接。胁部、袖下钩织"1针引拔针、4针锁针"做锁针缝合。在前端的花片位置钩织短针和锁针进行整理后，接着钩织2行的前门襟。从第3行开始与衣领、下摆连起来做边缘编织A、B调整形状。

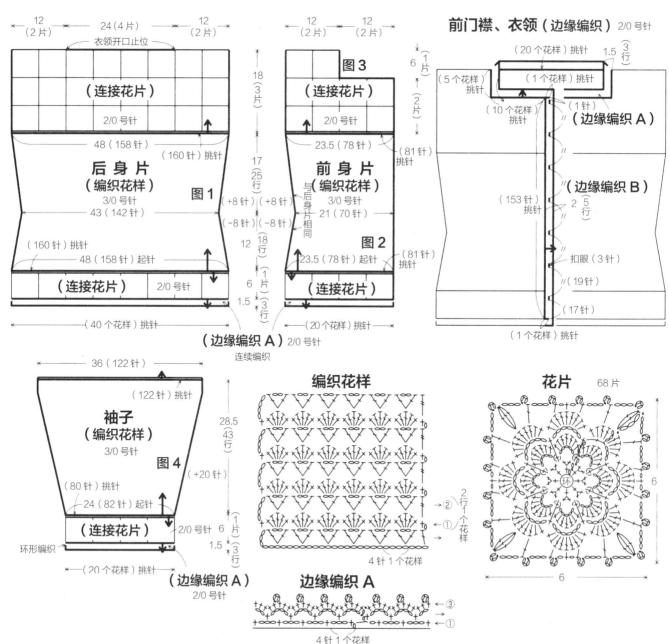

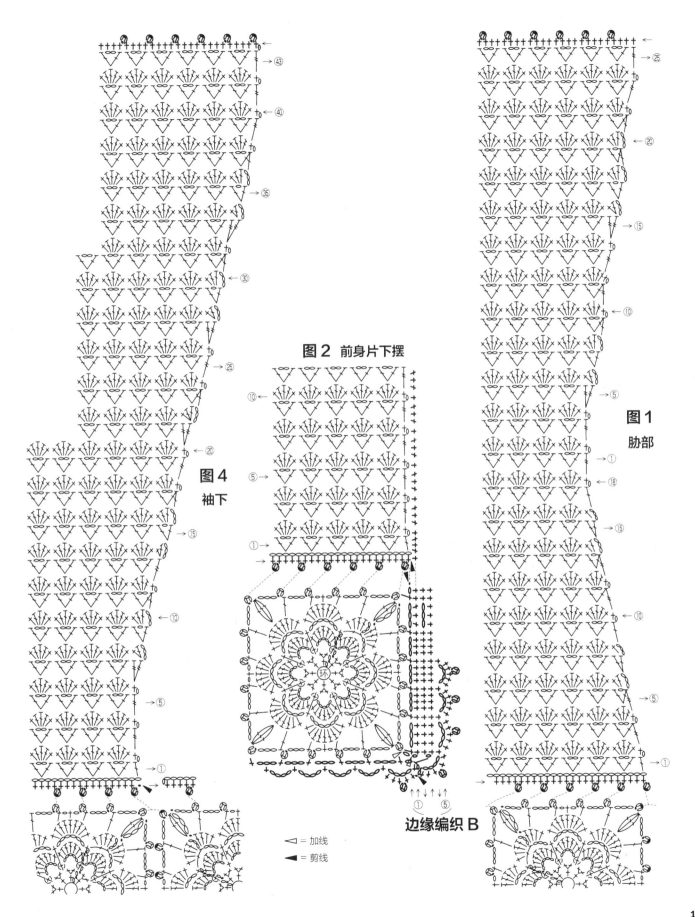

图 2 前身片下摆

图 4 袖下

图 1 肋部

边缘编织 B

◁ = 加线
◀ = 剪线

图3
领窝

后身片中心

扣眼

▷ = 加线
▼ = 剪线

袖子中心

18

●**材料** 钻石线 Dialien（粗）绿色、蓝色与紫色系段染（605）220g/7团
●**工具** 钩针4/0号
●**成品尺寸** 胸围91cm，肩宽34.5cm，衣长46.5cm
●**编织密度** 花片的边长为6.5cm
●**编织方法和组合方法** 花片A…钩织8针锁针连接成环形起针。第1圈立织3针锁针，接着钩1针长针，重复7次"3针锁针的狗牙拉针、3针长针"，再钩1个狗牙针

和1针长针。第2圈重复8次"1针短针、7针锁针"。第3圈在前一圈的7针锁针里钩织短针和5针锁针的狗牙针，转角处钩织13针锁针，编织成正方形花片。身片…如图所示排列花片A，从第2片开始与相邻花片做引拔连接。袖窿一边往返编织花片B一边做连接。组合…下摆、衣领、袖窿环形钩织边缘编织，如图所示在前领窝的转角处和袖窿减针。

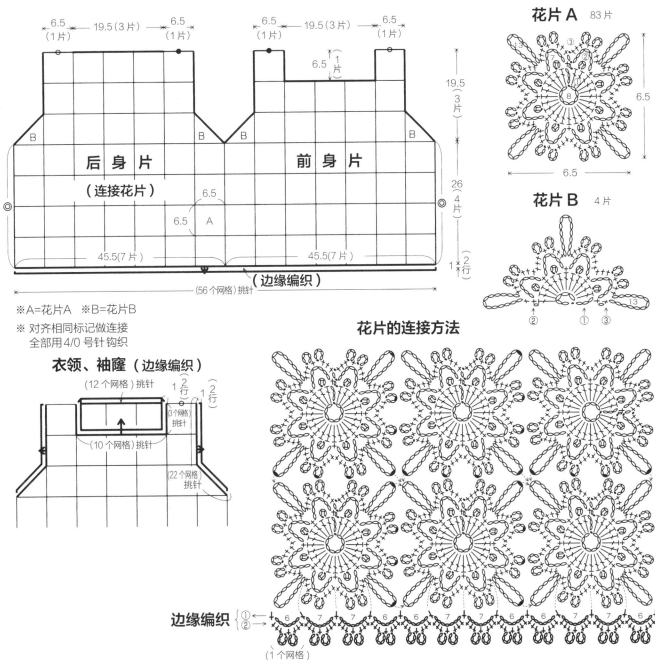

※A=花片A ※B=花片B
※ 对齐相同标记做连接
全部用4/0号针钩织

衣领、袖窿（边缘编织）

花片A 83片

花片B 4片

花片的连接方法

边缘编织

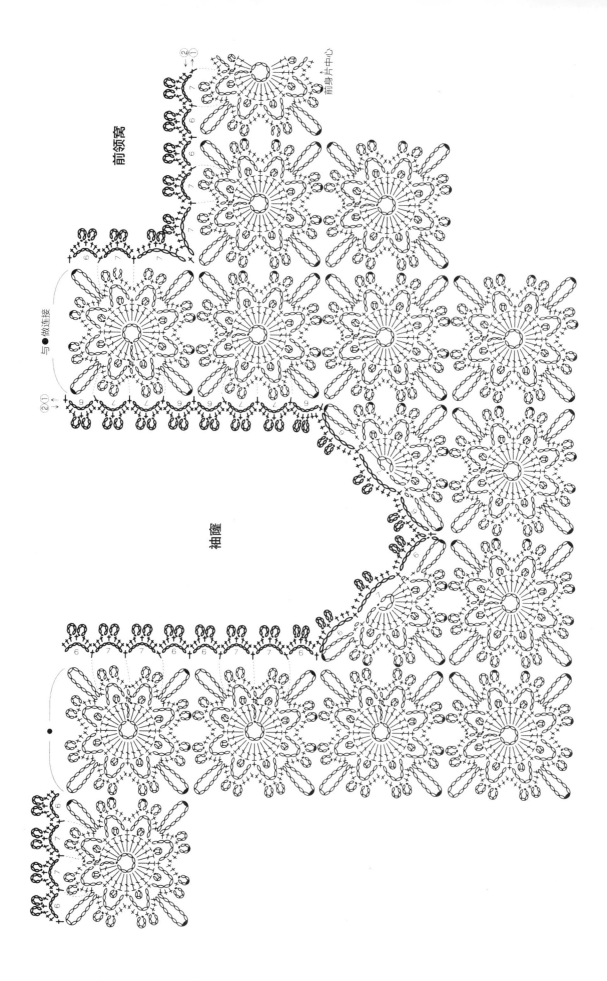

前领窝

前身片中心

与●做连接

袖窿

104

page31

19

●**材料** 钻石线 Silk Domani（细）沙米色（203）200g/8团
●**工具** 钩针2/0号
●**成品尺寸** 胸围94cm，肩宽36cm，衣长53cm，袖长20cm
●**编织密度** 编织花样的2个花样16针5.5cm，10cm18.5行
●**编织方法和组合方法** 身片…在下摆位置锁针起针后，按编织花样编织。钩织花样中的变化的枣形针时，包住前一行的针

目，在前2行的5针锁针的网格针里挑针钩织。胁部、袖窿、斜肩、领窝参照图示编织。袖子…参照图5编织，在袖下和袖山做加减针。组合…肩部根据针目状态钩织"引拔针和锁针"做锁针接合，胁部、袖下做锁针缝合。下摆做边缘编织A，第3行变化的枣形针先钩织未完成的4卷长针，在引拔1次后的位置钩织2针未完成的3卷长针，最后一次性引拔。袖口、衣领做边缘编织B。袖子与身片做锁针缝合。

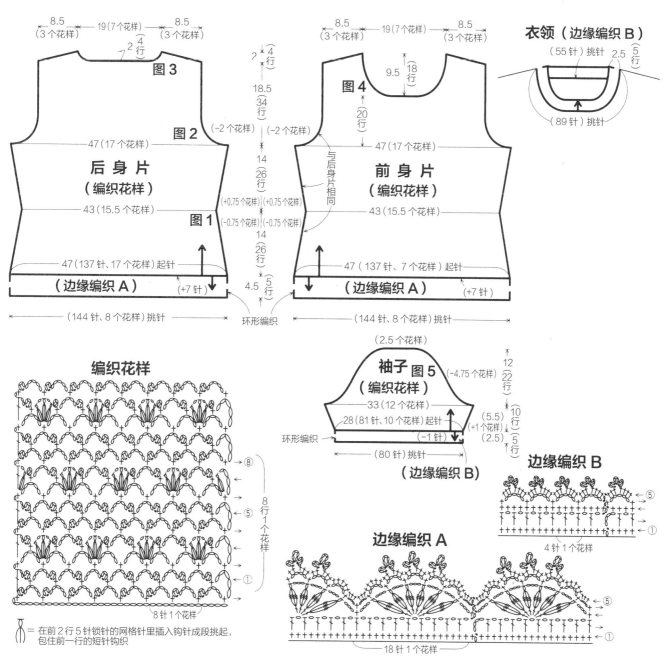

编织花样

袖子 图5（编织花样）

衣领（边缘编织B）

边缘编织 B

边缘编织 A

✂ = 在前2行5针锁针的网格针里插入钩针成段挑起，包住前一行的短针钩织

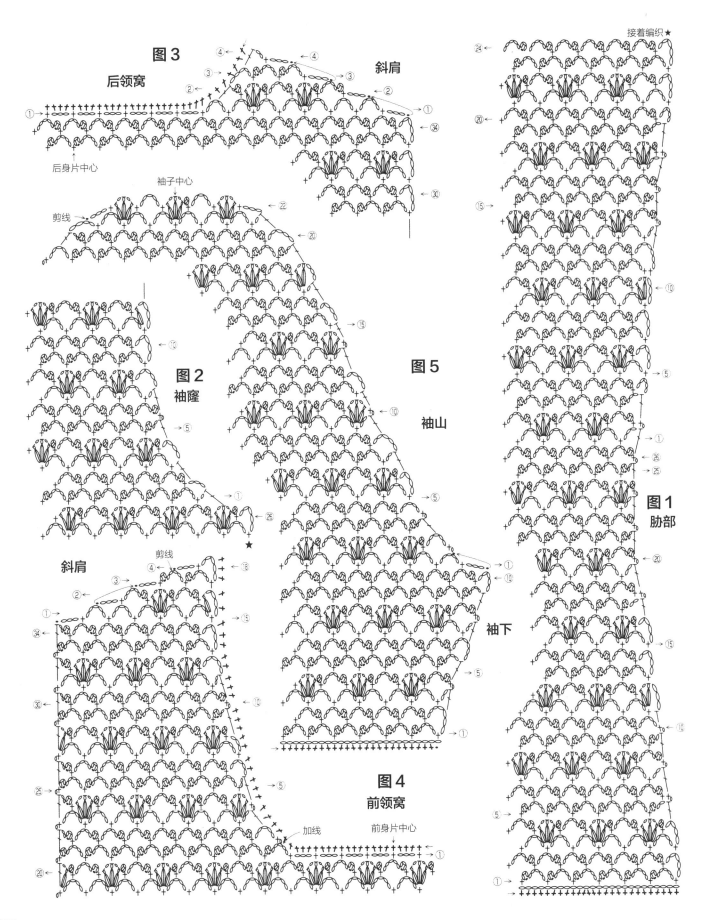

图3
后领窝
斜肩
后身片中心

图2
袖窿
袖子中心
剪线

斜肩
剪线

图4
前领窝
加线
前身片中心

图5
袖山
袖下

接着编织★

图1
肋部

●**材料** 钻石线 Masterseed Cotton <Crochet>（细）深粉色（306）250g/9 团，大号串珠 珍珠粉色1474颗，直径1.2cm 的纽扣 3颗

●**工具** 钩针2/0号

●**成品尺寸** 胸围92cm，衣长54cm，连 肩袖长28cm

●**编织密度** 10cm×10cm面积内：编织 花样A 33针，14行

●**编织方法和组合方法** 身片…锁针起针 后，按编织花样A编织。胁部、斜肩、后 背开口、领窝参照图示编织。组合…肩部 根据针目状态钩织"引拔针和锁针"做锁 针接合，胁部钩织"1针引拔针、4针锁 针"做锁针缝合。下摆一边挑针一边平均 加针，按编织花样B将前、后身片连起来 环形编织。事先在线中穿入串珠，在第7、 15、23、25行织入串珠。衣领、袖口分别 按编织花样B'、B"编织，并在指定位置 织入串珠。最后在后背开口处钩织纽襻。

page32

20

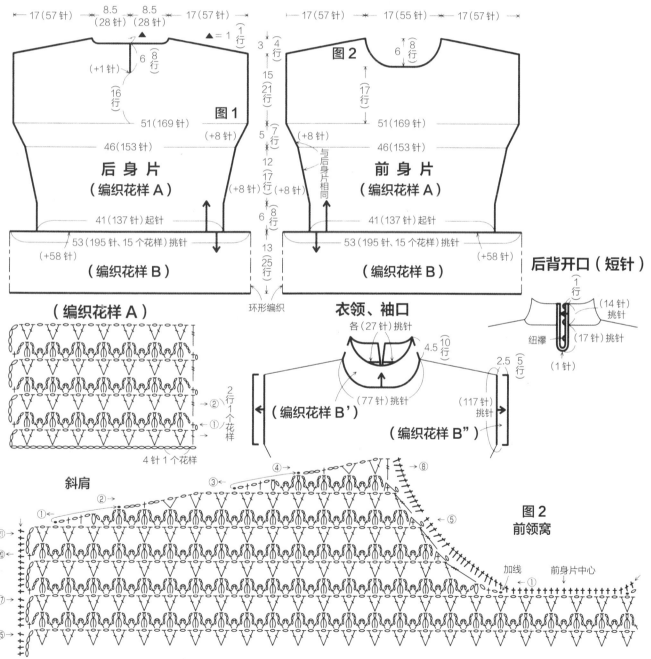

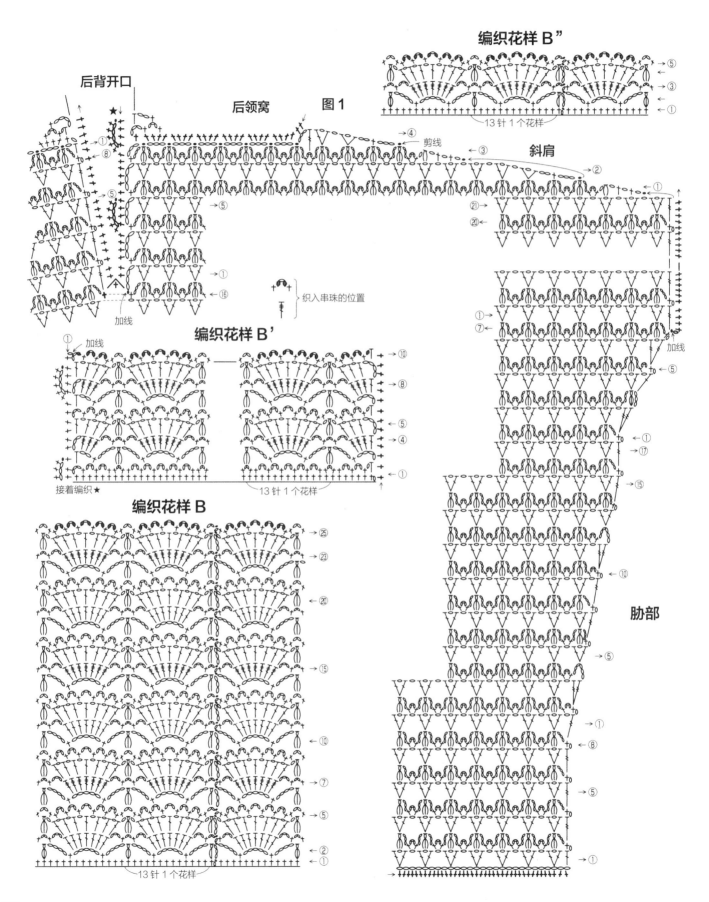

编织花样 B”

后背开口

后领窝　图1

13 针 1 个花样

剪线

斜肩

织入串珠的位置

加线

编织花样 B’

加线

接着编织★

13 针 1 个花样

编织花样 B

加线

肋部

13 针 1 个花样

13 针 1 个花样

page35

21

●**材料** 钻石线 Diaexceed <Silkmohair>（中粗）原白色（101）370g/10团

●**工具** 棒针5号、4号、3号

●**成品尺寸** 胸围92cm，肩宽33cm，衣长55cm，袖长55cm

●**编织密度** 10cm×10cm面积内：编织花样A 28针，32行

●**编织方法和组合方法** 身片…在下摆位置另线锁针起针后，按编织花样A编织，袖窿和领窝如图所示减针。下摆解开另线锁针的起针后按编织花样B编织，结束时利用花样的扇形边缘做伏针收针，注意线不要拉得太紧。袖子…编织要领与身片相同，如图所示做加减针。组合…肩部做盖针接合，胁部、袖下做挑针缝合。衣领按编织花样C变换针号做环形编织，结束时根据针目的状态做扭针和下针的单罗纹针收针。袖子与身片做引拔缝合。

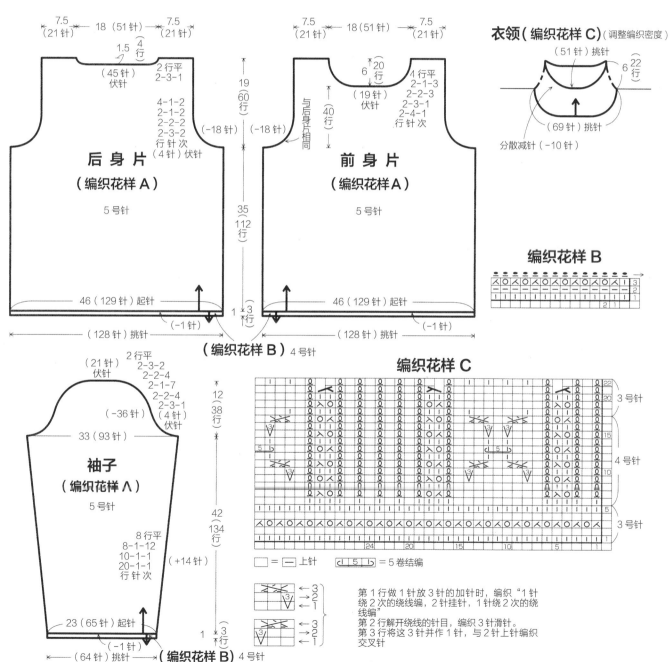

后 身 片（编织花样A）5号针

前 身 片（编织花样A）5号针

衣领（编织花样C）（调整编织密度）

编织花样 B

袖子（编织花样A）5号针

编织花样 C

□ =（ - ）上针　| 5 b | = 5卷结编

第1行做1针放3针的加针时，编织"1针绕2次的绕线编，2针挂针，1针绕2次的绕线编"
第2行解开绕线的针目，编织3针滑针。
第3行将这3针并作1针，与2针上针编织交叉针

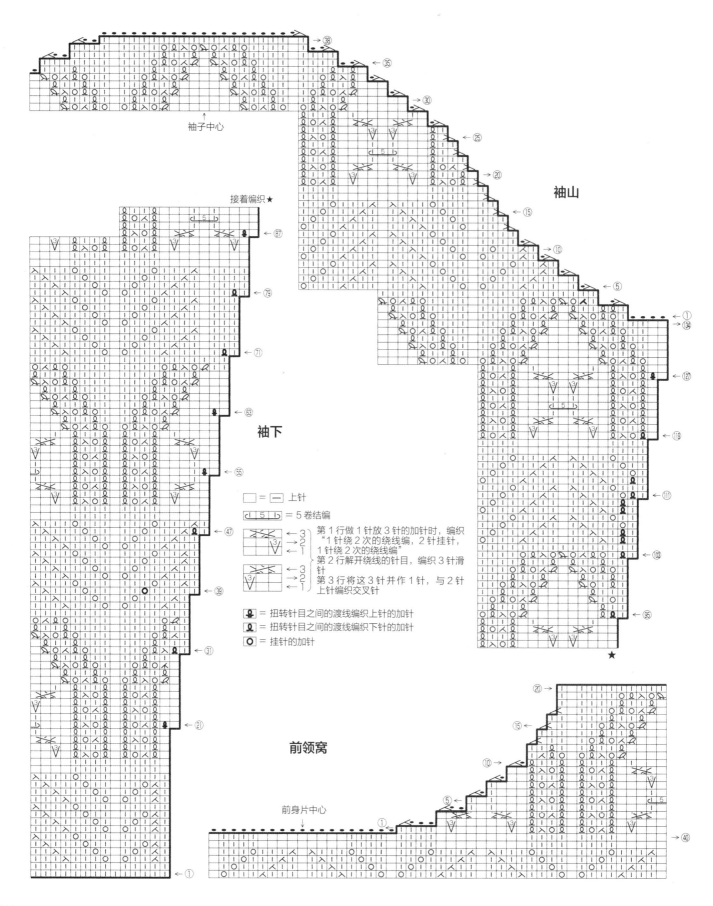

袖山

袖下

袖子中心

接着编织★

前领窝

前身片中心

□ = ── 上针
└ 5 ┘ = 5 卷结编
第1行做1针放3针的加针时，编织
"1针绕2次的绕线编，2针挂针，
1针绕2次的绕线编"
第2行解开绕线的针目，编织3针滑针
第3行将这3针并作1针，与2针
上针编织交叉针
⚲ = 扭转针目之间的渡线编织上针的加针
⚲ = 扭转针目之间的渡线编织下针的加针
O = 挂针的加针

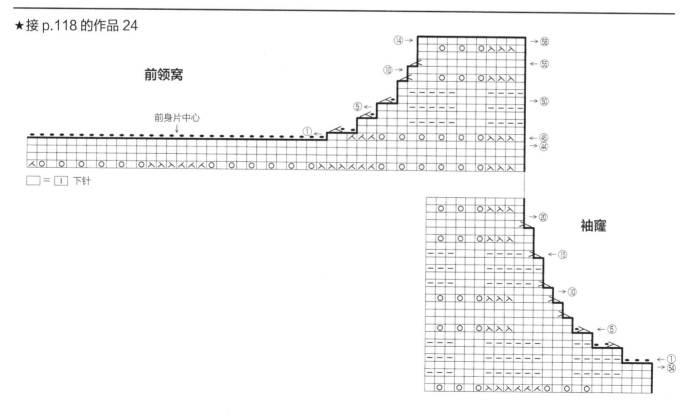

編織花樣 A

□ = ━ 上针

╭│5│╮ = 5 卷结编

第1行做1针放3针的加针时，编织
"1针绕2次的绕线编，2针挂针，
1针绕2次的绕线编"
第2行解开绕线的针目，编织3针滑针
第3行将这3针并作1针，与2针上针编织交叉针

袖襱

袖子　　身片

编织起点

★接 p.118 的作品 24

前领窝

前身片中心

□ = Ｉ 下针

袖襱

111

●**材料** 钻石线 Tasmanian Merino（中粗）原白色（701）420g/11团；直径1cm的纽扣 3颗

●**工具** 棒针5号、4号、3号

●**成品尺寸** 胸围91cm，肩宽32cm，衣长53cm，袖长54.5cm

●**编织密度** 10cm×10cm面积内：编织花样A 30针，34行

●**编织方法和组合方法** 身片…在下摆位置另线锁针起针后，按编织花样A编织。如图所示在腰部做分散加减针，袖窿、领窝利用花样减针。下摆解开另线锁针的起针后按编织花样B编织，结束时做上针的伏针收针。袖子…编织要领与身片相同，在袖下和袖山做加减针。组合…肩部做盖针接合，胁部、袖下做挑针缝合。在领窝开口处编织起伏针。衣领在挑针和另线锁针起针后按编织花样B"编织，如图所示留出扣眼，再解开另线锁针的起针做上针的伏针收针。袖子与身片做引拔缝合。

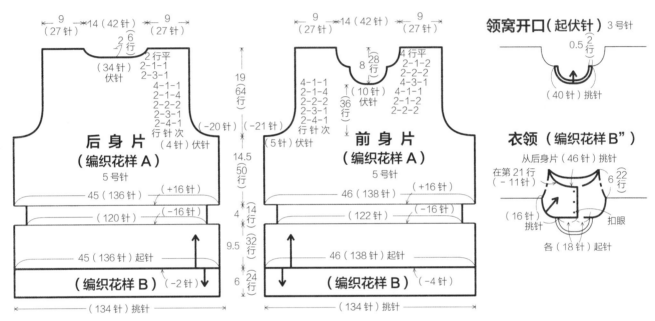

领窝开口（起伏针） 3号针

衣领（编织花样B"）

编织花样 A

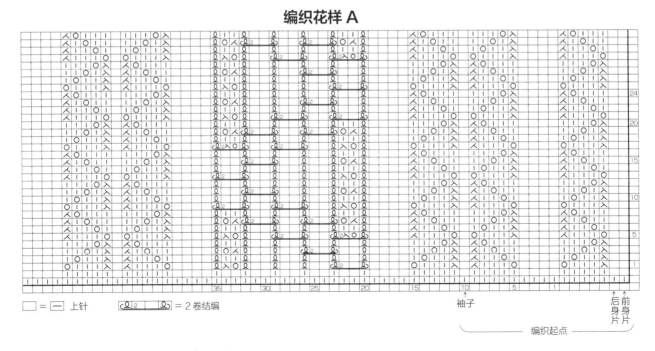

□ = — 上针　　♀2 ♀ = 2卷结编

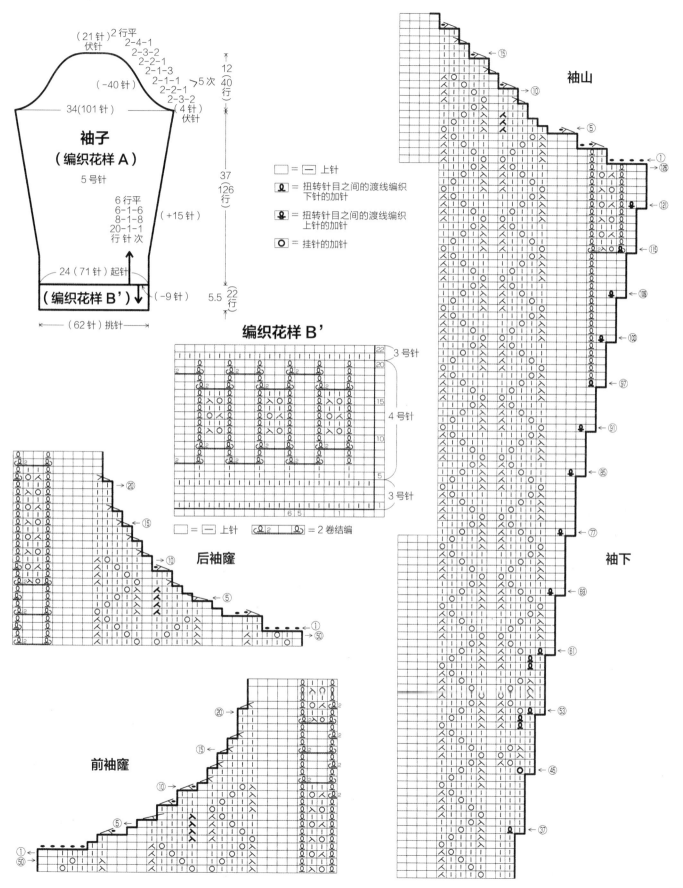

（21针）2行平
伏针
2-4-1
2-3-2
2-2-1
2-1-3
（-40针）2-1-1 ⟩5次
2-1-1
2-3-2
（4针）
伏针
12
40
行

34（101针）

袖子
（编织花样A）

5号针

6行平
6-1-6
8-1-8
20-1-1
行针次 （+15针）

37
126
行

24（71针）起针

（编织花样B'） （-9针）

5.5 22
行

（62针）挑针

□ = — 上针
Ⓠ = 扭转针目之间的渡线编织下针的加针
Ⓠ = 扭转针目之间的渡线编织上针的加针
Ⓞ = 挂针的加针

编织花样B'

22
20
3号针

15
4号针

10

5
3号针
1

6 5

□ = — 上针   Ⓠ2 Ⓠ = 2卷结编

袖山

15
10
5
①
128
121
115
109
103
97
91
85
77
袖下
69
61
53
45
37

后袖窿

20
15
10
5
①
50

前袖窿

20
15
10
5
①
50

前领窝

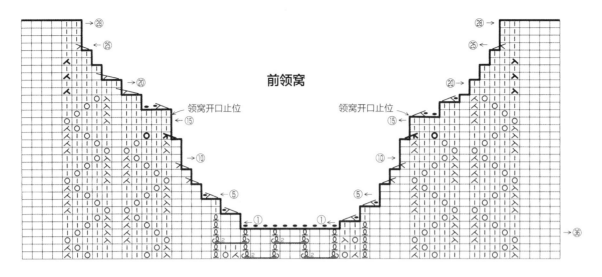

领窝开口止位
领窝开口止位

腰部分散加减针的方法

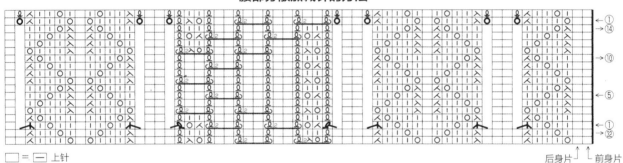

□ = □ 上针

后身片 ↑ 前身片

编织花样 B

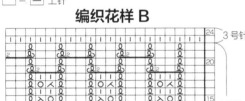

24 → 3号针
20
15 → 4号针
10
5
→ 3号针

□ = □ 上针

编织花样 B"

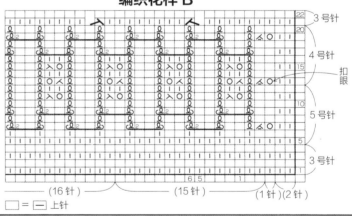

22 → 3号针
20
4号针
15 → 扣眼
10
5号针
5
→ 3号针

(16针) (15针) (1针)(2针)

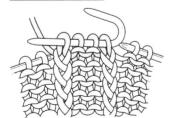

1 编织4针后,将针目移至麻花针上。

2 在移出的4针上朝箭头所示方向绕线。

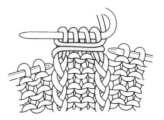

3 逆时针方向绕2圈线。

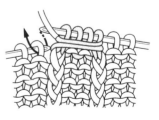

4 将针目直接从麻花针移至右棒针上,完成。

page38

23

● **材料** 钻石线 Tasmanian Merino <Lame>（中粗）原白色（601）350g/9团
● **工具** 棒针6号、5号、4号
● **成品尺寸** 胸围90cm，肩宽33cm，衣长55.5cm，袖长42cm
● **编织密度** 10cm×10cm面积内：编织花样A 27针，37行
● **编织方法和组合方法** 身片…手指挂线起针后，按编织花样A编织。从20针1个花样分散减针至17针1个花样，要注意单元花样

的针数有加减变化；袖窿和领窝参照图示编织。下摆挑针后按编织花样B编织，从6针1个花样加针至14针1个花样，结束时做下针织下针、上针织上针的伏针收针。袖子…编织要领与片片相同。组合…肩部做盖针接合，肋部、袖下做挑针缝合。衣领先编织单罗纹针，然后翻转织物看着内侧按编织花样A环形编织，暂时将针目做伏针收针。接着挑针后按编织花样C编织。袖子与身片做引拔缝合。

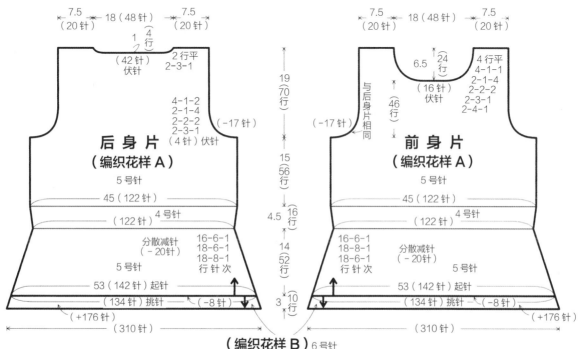

后身片（编织花样A）

前身片（编织花样A）

7.5　18（48针）　7.5
（20针）　　　　（20针）

1　4行
（42针）伏针　2行平　2-3-1

4-1-2
2-1-4
2-2-2
2-3-1

（-17针）（4针）伏针

5号针

45（122针）

（122针）4号针

分散减针（-20针）

16-6-1
18-6-1
18-8-1 行针次

5号针

53（142针）起针

（134针）挑针　（-8针）

（+176针）

（310针）

（编织花样B）6号针

19（70行）

15（56行）

4.5（16行）

14（52行）

3（10行）

6.5　24
4行平
4-1-1
2-1-4
2-2-2
2-3-1
2-4-1

（16针）伏针

与后身片相同

（46行）

16-6-1
18-8-1
18-6-1 行针次

袖子（编织花样A）

（18针）伏针
2行平
2-3-2
2-2-3
2-1-12
2-2-4
（-35针）（3针）伏针

33（88针）

8行平
50-1-1

5号针

32（86针）

分散减针（-16针）

14-6-2
16-4-1 行针次

38（102针）起针

（-4针）6号针

（98针）挑针

（+96针）

（194针）

（编织花样B'）

12（44行）

15.5（58行）

12（44行）

2.5（8行）

（+1针）

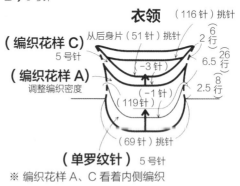

衣领

（116针）挑针

（编织花样C）
从后身片（51针）挑针
5号针

（-3针）

2　6行
6.5　26行
（8针）
2.5行

（编织花样A）
调整编织密度

（-1针）
（119针）

（69针）挑针

（单罗纹针）5号针

※ 编织花样A、C 看着内侧编织

调整编织密度

| 5号针 | 12行 |
| 4号针 | 14行 |

编织花样C

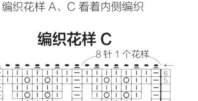

8针1个花样

6
5
4 3 2 1

□ = 上针的伏针收针

115

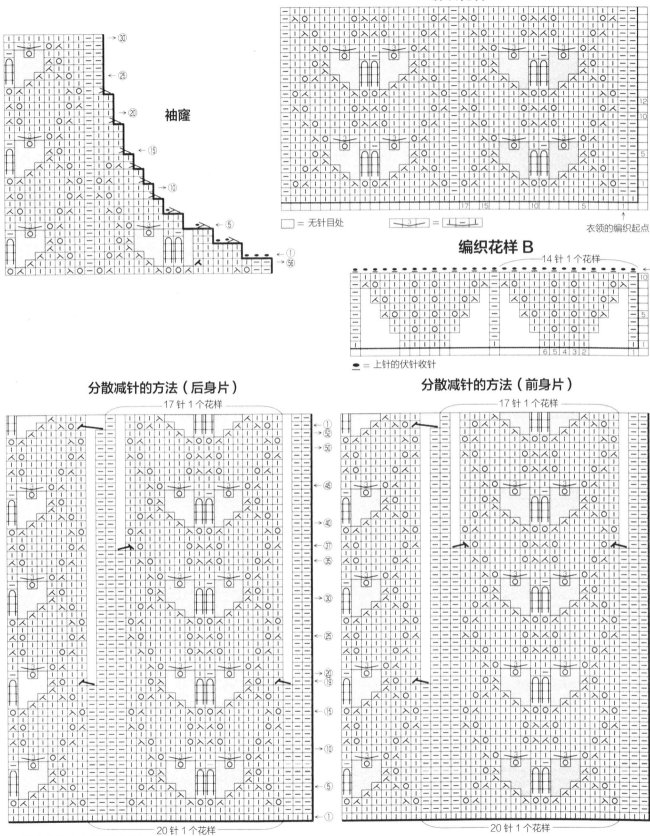

袖窿

编织花样 A

□ = 无针目处

⟨⟨ 3 ⟩⟩ = ⌐⊥⊥⊥

衣领的编织起点

编织花样 B

14 针 1 个花样

➡ = 上针的伏针收针

分散减针的方法（后身片）

17 针 1 个花样

20 针 1 个花样

分散减针的方法（前身片）

17 针 1 个花样

20 针 1 个花样

※ 以中心为轴左右对称减针

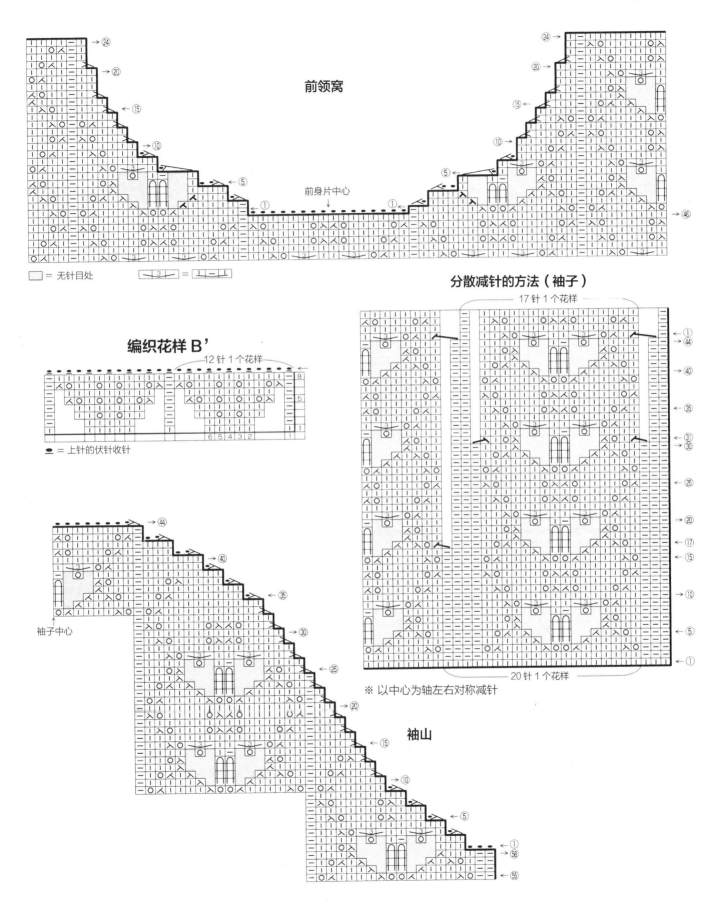

前领窝

前身片中心

□ = 无针目处   ⎿³⏌ = ⎿₋⏌⎿₋⏌

分散减针的方法（袖子）

17针1个花样

20针1个花样

※ 以中心为轴左右对称减针

编织花样 B'

12针1个花样

8
5
6 5 4 3 2 1

● = 上针的伏针收针

袖子中心

袖山

page40

24

●**材料** 钻石线 Diamohairdeux <Alpaca>
（中粗）原白色（701）125g/4团
●**工具** 棒针6号、4号
●**成品尺寸** 胸围92cm，肩宽36cm，衣长51.5cm
●**编织密度** 10cm×10cm面积内：编织花样A 21针，32行
●**编织方法和组合方法** 身片…在下摆位置另线锁针起针后，按编织花样A编织。胁部立起侧边1针减针，在侧边1针的内侧加针。

袖窿和领窝做伏针减针和立起侧边1针的减针，肩部的针目暂时休针备用。下摆解开另线锁针的起针后编织起伏针，结束时利用花样的扇形边缘做上针的伏针收针，注意线不要拉得太紧。组合…肩部将前、后身片的针目正面相对做盖针接合。衣领挑针后按编织花样B环形编织，结束时做单罗纹针收针。袖窿挑针后按编织花样B做往返编织，结束时做单罗纹针收针。胁部、袖窿的底端做挑针缝合。

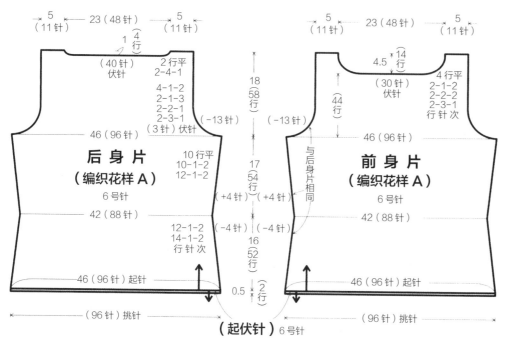

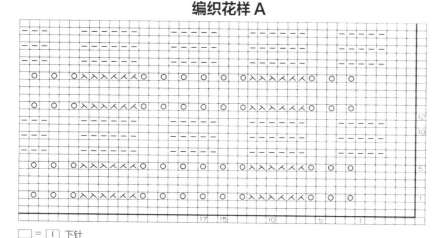

编织花样A

□ = ┃ 下针

★袖窿、前领窝的编织方法见p.111

衣领、袖窿（编织花样B）4号针

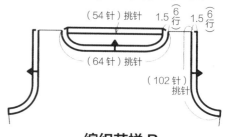

编织花样B

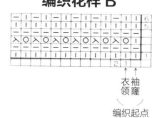

衣袖
领窝

编织起点

●材料 钻石线 Tasmanian Merino（中粗）浅粉色与米色（734）355g/9团

●工具 棒针6号、5号、4号，钩针4/0号

●成品尺寸 胸围92cm，肩宽33cm，衣长53.5cm，袖长54cm

●编织密度 10cm×10cm面积内：编织花样A、C均为25针，35行；编织花样B 25针，33行

●编织方法和组合方法 身片…在下摆位置另线锁针起针后，按编织花样A、B、C编织，袖窿和领窝如图所示减针。下摆解开另线锁针的起针后按编织花样D编织，结束时利用花样的扇形边缘钩织引拔针和狗牙针收针，注意线不要拉得太紧。袖子…袖口从20针1个花样分散减针至16针1个花样，袖下和袖山如图所示做加减针。组合…肩部做引拔接合，胁部、袖下做挑针缝合。衣领挑针后按编织花样D环形编织。袖子与身片做引拔缝合。

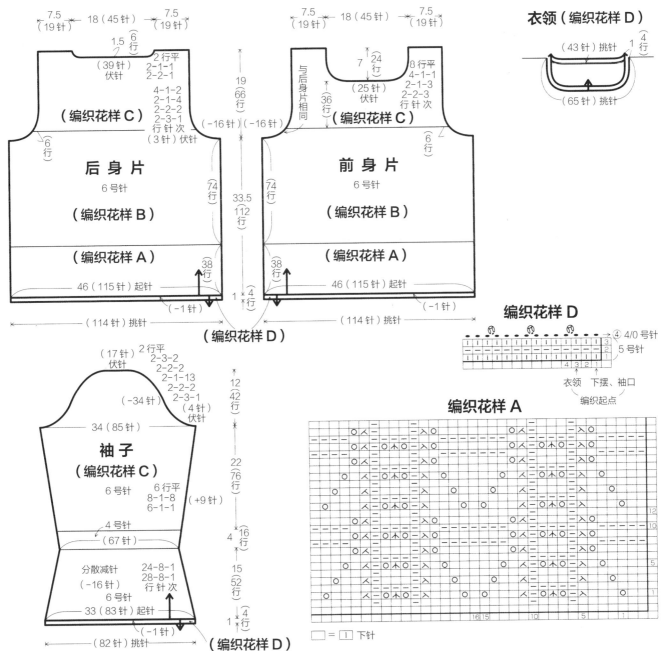

衣领（编织花样D）

（43针）挑针　1 4行

（65针）挑针

后身片

7.5（19针）　18（45针）　7.5（19针）

1.5（6行）

（39针）伏针

2行平
2-1-1
2-2-1

4-1-2
2-1-4
2-2-2
2-3-1
行针次

（3针）伏针

（编织花样C）

（6行）

后 身 片
6号针
（编织花样B）

（编织花样A）

19（66行）

（-16针）　（-16针）

33.5（112行）

74行

74行

46（115针）起针

38行

1（4行）

（-1针）

（114针）挑针

前身片

7.5（19针）　18（45针）　7.5（19针）

与后身片相同

7（24行）

8行平
4-1-1
2-1-3
2-2-3
行针次

（25针）伏针

（编织花样C）

36行

（6行）

前 身 片
6号针
（编织花样B）

（编织花样A）

46（115针）起针

38行

（-1针）

（114针）挑针

（编织花样D）

编织花样D

4/0号针
5号针
4 3 2 1

衣领　下摆、袖口
编织起点

袖子

（17针）伏针

2行平
2-3-2
2-2-2
2-1-13
2-2-2
2-3-1
行针次

（4针）伏针

（-34针）

34（85针）

袖 子
（编织花样C）
6号针

6行平
8-1-8
6-1-1

（+9针）

4号针

（67针）

分散减针
（-16针）
6号针

24-8-1
28-8-1
行针次

33（83针）起针

（82针）挑针

（编织花样D）

12（42行）

22（76行）

4（16行）

15（52行）

1（4行）

（-1针）

编织花样A

□ = ｜ 下针

编织花样 B

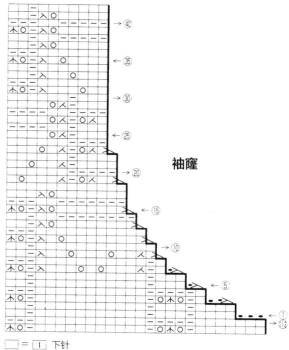

□ = □ 下针

编织花样 C

□ = □ 下针

袖隆

□ = □ 下针

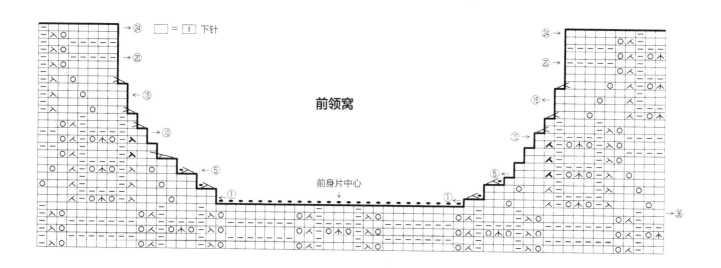

□ = □ 下针

前领窝

前身片中心

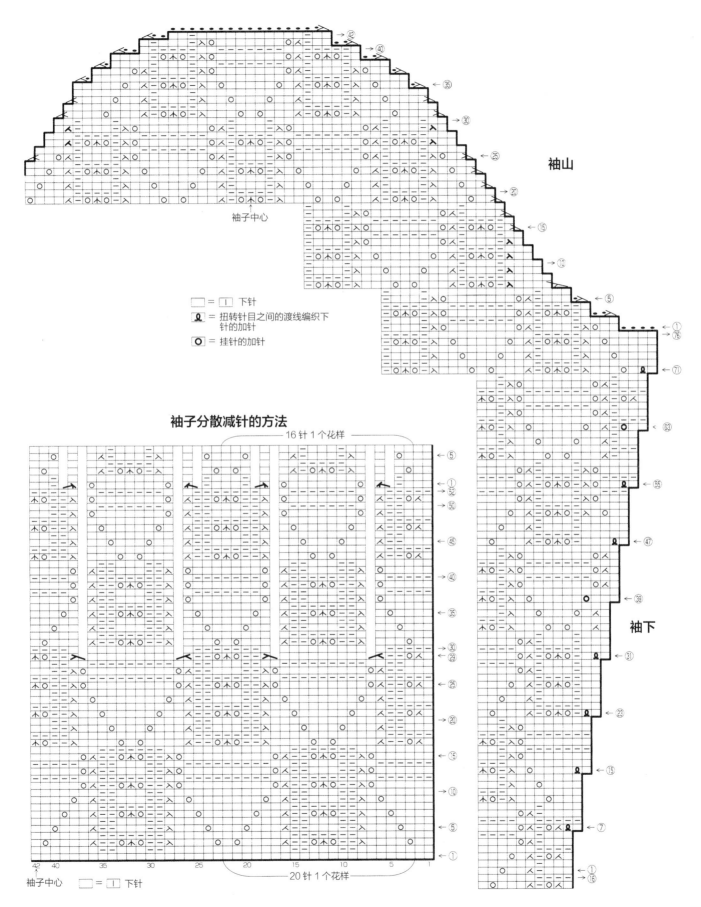

袖山

袖子中心

□ = □ 下针

② = 扭转针目之间的渡线编织下
　　针的加针

○ = 挂针的加针

袖子分散减针的方法

16针1个花样

袖下

袖子中心　□ = □ 下针

20针1个花样

page41

25

●**材料** 钻石线 Diamohairdeux <Alpaca> （中粗）原白色（701）245g/7团，长径1.8cm的纽扣 5颗

●**工具** 棒针7号、6号、5号，钩针5/0号

●**成品尺寸** 胸围93cm，肩宽34cm，衣长54.5cm，袖长55cm

●**编织密度** 10cm×10cm面积内：编织花样A 21针，29行（7号针）；编织花样B 21针，27行

●**编织方法和组合方法** 身片…在下摆位置另线锁针起针后，无须加减针按编织花样A编织。第55行除了前端外，不要在编织花样中的挂针进行减针。接着按编织花样B编织，如图所示做加减针。下摆解开另线锁针的起针后编织起伏针，结束时做上针的伏针收针。袖子…编织要领与身片相同。组合…肩部做盖针接合，胁部、袖下做挑针缝合。前门襟编织起伏针，衣领按编织花样A如图所示编织，然后与领窝做卷针缝缝合。钩织细绳并缝在胁部，袖子与身片做引拔缝合。

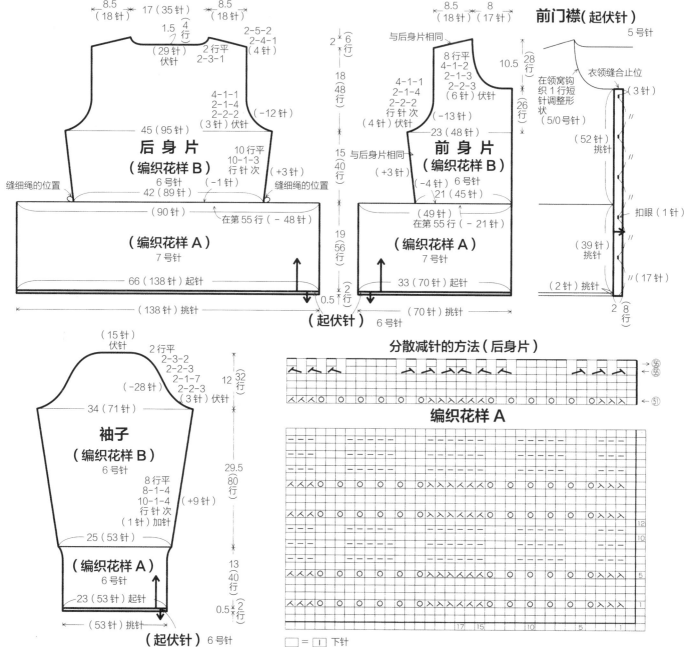

后身片（编织花样B）6号针

前身片（编织花样B）6号针

（编织花样A）7号针

前门襟（起伏针）5号针

袖子（编织花样B）6号针

（编织花样A）6号针

分散减针的方法（后身片）

编织花样A

□ = ☐ 下针

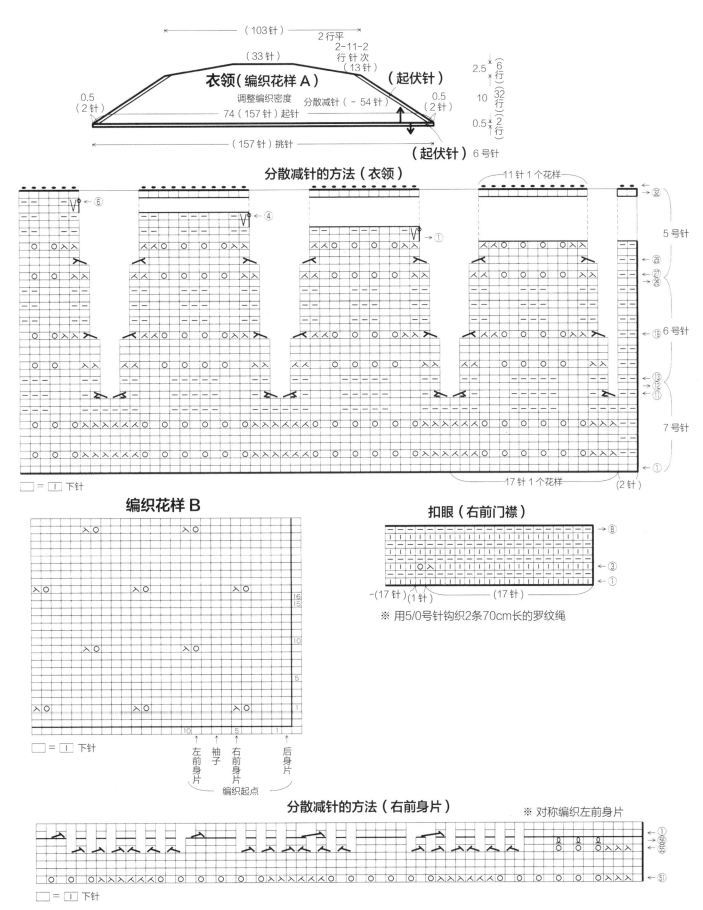

衣领（编织花样 A）

（103针）

（33针）

2行平
2-11-2
行针次
（13针）

（起伏针）

0.5
（2针）

调整编织密度
分散减针（－54针）
74（157针）起针

（157针）挑针

0.5
（2针）

（起伏针）6号针

2.5 { 6 行
10 { 32 行
0.5 { 2 行

分散减针的方法（衣领）

11针 1个花样

□ = ① 下针

编织花样 B

□ = ① 下针

左前身片　袖子　右前身片　后身片
编织起点

扣眼（右前门襟）

-（17针）（1针）　（17针）

※ 用5/0号针钩织2条70cm长的罗纹绳

分散减针的方法（右前身片）

※ 对称编织左前身片

□ = ① 下针

page43

26

●**材料** 钻石线 Tasmanian Merino
<Alpaca>（粗）米色（502）250g/7团
●**工具** 棒针6号、4号、3号
●**成品尺寸** 胸围94cm，肩宽35cm，衣长
54.5cm，袖长27cm
●**编织密度** 10cm×10cm面积内：下针编
织24针，37行；编织花样A、B均为29针，
37行
●**编织方法和组合方法** 身片…在下摆的花

样变换位置另线锁针起针后，按下针和编织
花样A、B编织。胁部、袖窿、领窝如图所
示做加减针。下摆解开另线锁针的起针后按
编织花样C编织，结束时做扭针的罗纹针收
针。袖子…编织要领与身片相同，如图所示
在袖下和袖山做加减针。组合…肩部做盖针
接合，胁部、袖下做挑针缝合。衣领按编织
花样D变换针号环形编织，结束时做扭针的
罗纹针收针。袖子与身片做引拔缝合。

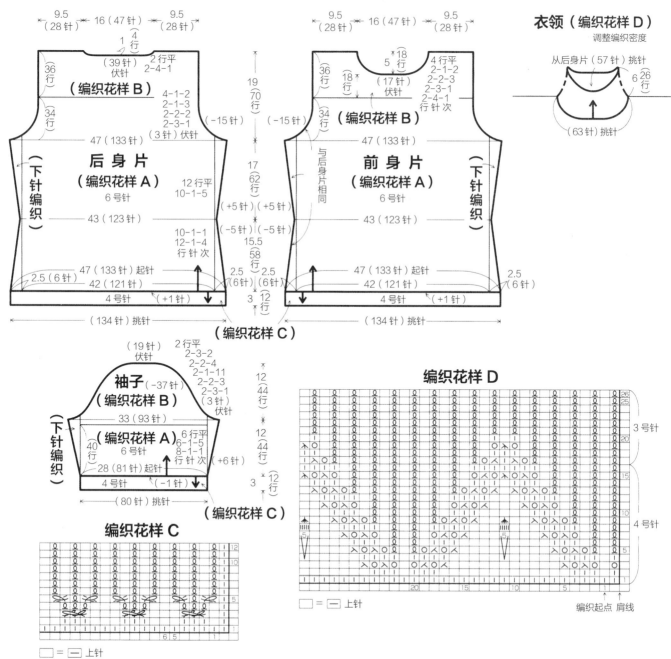

124

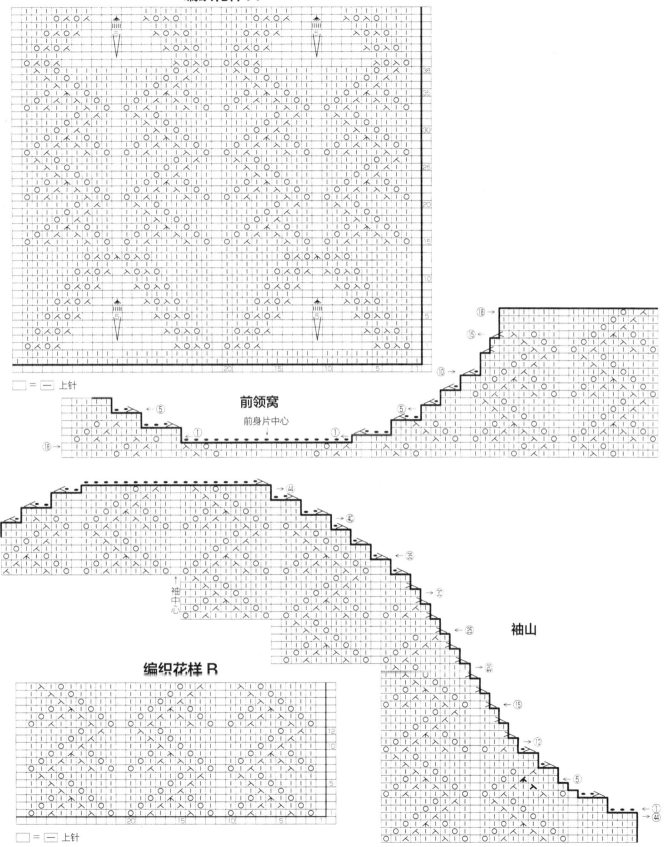

编织花样 A

前领窝

前身片中心

□ = □ 上针

编织花样 B

袖山

袖中心

□ = □ 上针

page45

28

- ●**材料** 钻石线 Diaexceed <Silkmohair>
（中粗） 蓝色（122）360g/9团，直径
1.5cm的纽扣 6颗
- ●**工具** 棒针6号、5号、4号
- ●**成品尺寸** 胸围94.5cm，肩宽35cm，衣
长54cm，袖长54cm
- ●**编织密度** 10cm×10cm面积内：编织花
样A 27针，33行
- ●**编织方法和组合方法** 身片…在下摆位置
另线锁针起针后，按编织花样A编织，注意

组合花样中每个花样的行数各不相同。下摆
解开另线锁针的起针后按编织花样C编织，
结束时做扭针的单罗纹针收针。袖子…编织
要领与身片相同，袖下如图所示利用花样加
针。组合…肩部做引拔接合，胁部、袖下做
挑针缝合。育克、衣领按编织花样B、B'编
织，如图所示做分散减针，结束时做扭针的
单罗纹针收针。前门襟挑针后按编织花样C
编织。袖子与身片做引拔缝合。

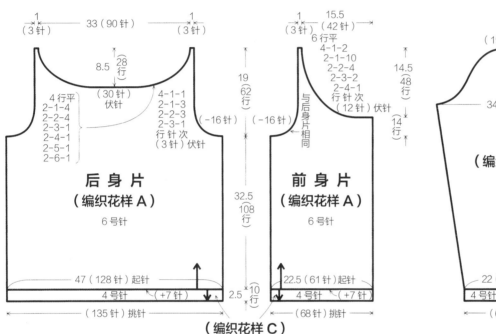

后身片（编织花样A） 6号针

前身片（编织花样A） 6号针

（编织花样C）

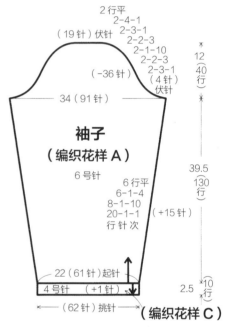

袖子（编织花样A） 6号针

（编织花样C）

育克、衣领（编织花样B、B'）

※全部（231针）挑针
※B、B'=编织花样B、编织花样B'

编织花样B'

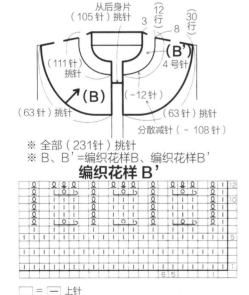

□ = — 上针

前门襟（编织花样C）4号针

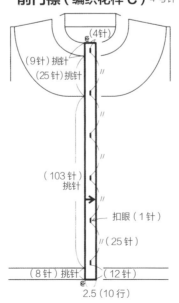

编织花样C

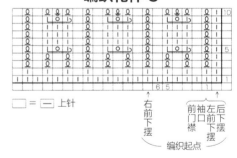

□ = — 上针

右前门下摆
前袖左门口
前襟下摆
编织起点

扣眼（右前门襟）

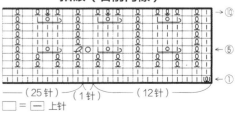

（25针）　（1针）　（12针）

编织花样 A

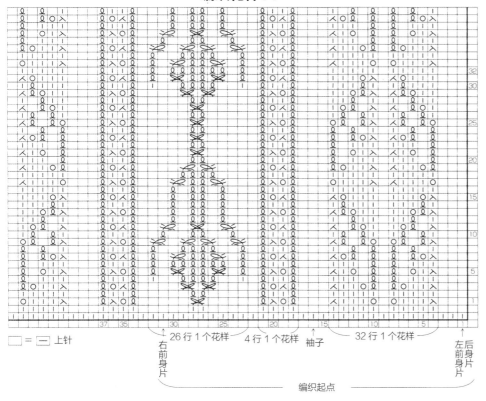

□ = 〔一〕 上针

右前身片　26行1个花样　4行1个花样　袖子　32行1个花样　左后前身片

编织起点

编织花样 B

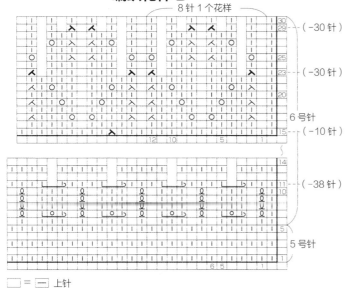

8针1个花样

(−30针)
(−30针)
6号针
(−10针)
(−38针)
5号针

□ = 〔一〕 上针

□ = 〔一〕 上针
= 扭转针目之间的渡线编织上针的加针
= 扭转针目之间的渡线编织下针的加针
○ = 挂针的加针

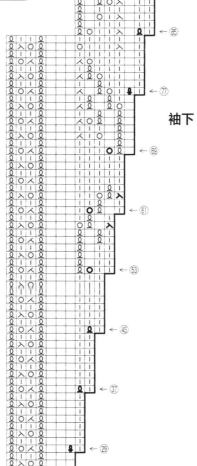

袖下

127

page46

29

●**材料** 钻石线 Tasmanian Merino
<Fine>（中细）紫色（109）250g/8团，
大号串珠 813颗
●**工具** 钩针3/0号
●**成品尺寸** 胸围96cm，衣长45.5cm，连
肩袖长52cm
●**编织密度** 六角形花片 8cm×7cm
●**编织方法和组合方法** 花片A…事先在线
中穿入串珠。环形起针，第1圈钩织12针短
针，每隔1针织入1颗串珠。从第2圈开始翻

转织片，将有串珠的一面作为正面，如图所
示编织至第4圈。花片B…环形起针，第1行
钩织7针短针，每隔1针织入1颗串珠。第2行
回到编织起点朝相同方向编织。第3将有串
珠的一面作为正面编织，接着沿织片底边往
回钩织短针。第4行完成后，形成半个花片。
身片、袖子…如图所示排列花片，从第2片开
始与相邻花片做引拔连接。

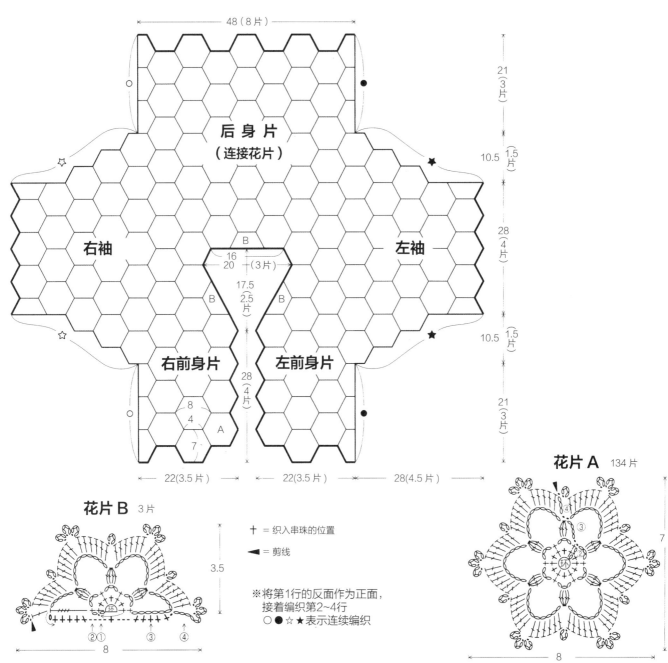

后 身 片
（连接花片）

48（8片）

右袖 **左袖**

B
16
20 （3片）

17.5
（2.5片）

B B

右前身片 **左前身片**

28
（4片）

8
4
7
A

22（3.5片）   22（3.5片）   28（4.5片）

21（3片）   10.5（1.5片）   28（4片）   10.5（1.5片）   21（3片）

花片 A 134片

7

8

花片 B 3片

3.5

8

✝ = 织入串珠的位置
◀ = 剪线

※将第1行的反面作为正面，
　接着编织第2~4行
○●☆★表示连续编织

128

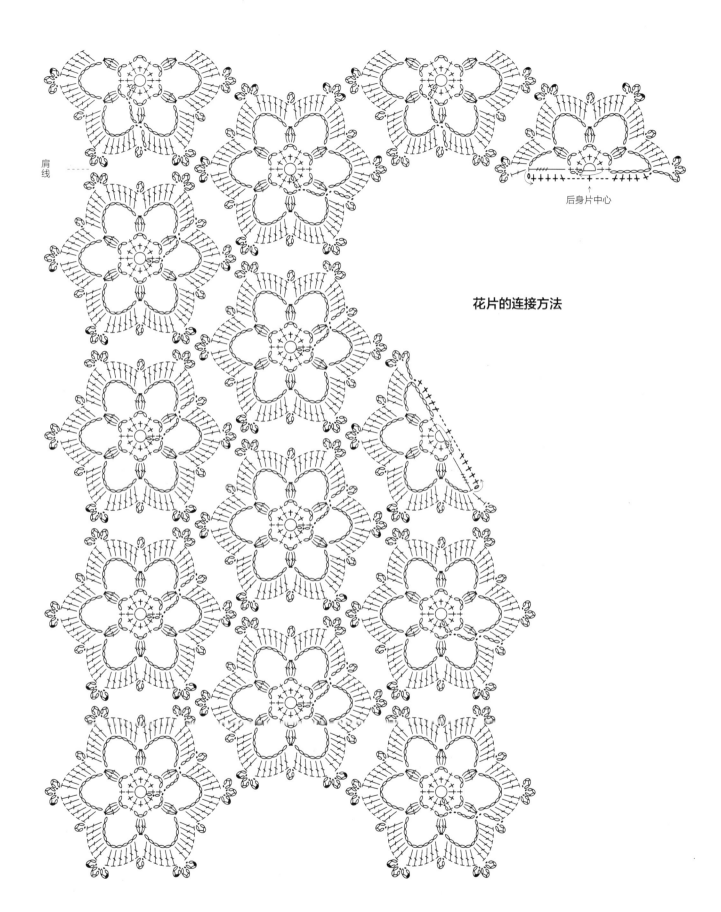

肩线

后身片中心

花片的连接方法

30

●材料　钻石线 Tasmanian Merino <Fine>（中细）红色（108）250g/8团
●工具　钩针3/0号
●成品尺寸　胸围93cm，肩宽36cm，衣长54cm，袖长23cm
●编织密度　10cm×10cm面积内：编织花样A 30针，12.5行；编织花样B、B'均为14行
●编织方法和组合方法　身片…在下摆位置锁针起针，后身片仅按编织花样A编织，前

身片分成几部分按编织花样A、B编织，如图所示做加减针。袖子…参照图示，分成几部分按编织花样A、B'编织。组合…前身片、袖子用半回针缝缝合各部分织片。肩部根据针目状态钩织"引拔针和锁针"做锁针接合，胁部、袖下做锁针缝缝合。下摆按编织花样C环形编织，从第7行开始做往返编织，依次完成菠萝花样。衣领、袖口分别挑针后按编织花样D环形编织。袖子与身片做锁针缝合。

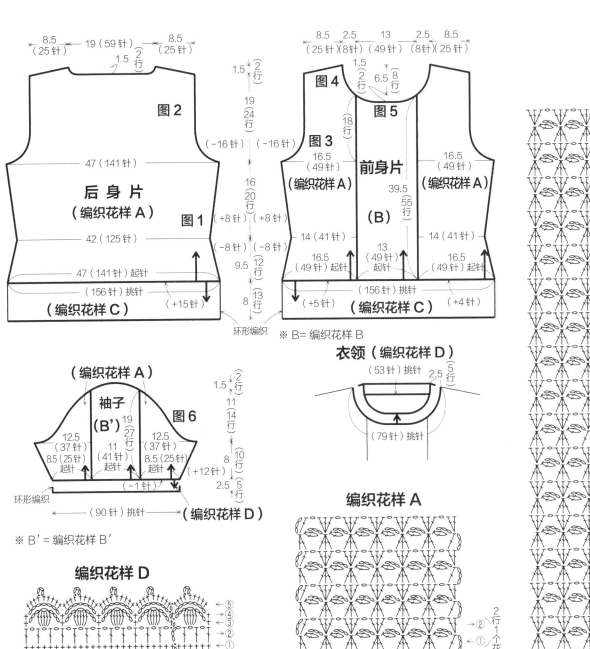

图2

8.5（25针）　19（59针）　8.5（25针）
1.5（2行）

47（141针）

后 身 片
（编织花样A）　图1

42（125针）

47（141针）起针
（156针）挑针
（+15针）

（编织花样C）

1.5（2行）
19（24行）
（-16针）（-16针）
16（20行）
（+8针）（+8针）
（-8针）（-8针）
9.5（12行）
8（13行）

环形编织

8.5（25针）　2.5（8针）　13（49针）　2.5（8针）　8.5（25针）
1.5（2行）　6.5（8行）

图4

图3

16.5（49针）
（编织花样A）

16（20行）

图5

前身片
（B）

39.5（55行）

16.5（49针）
（编织花样A）

14（41针）　13（49针）　14（41针）
16.5（49针）起针　16.5（49针）起针

（156针）挑针
（+5针）　**（编织花样C）**　（+4针）

18（行）

※ B= 编织花样B

衣领（编织花样D）

（53针）挑针　2.5（5行）

（79针）挑针

（编织花样A）

袖子
（B'）　图6

12.5（37针）　11（41针）　12.5（37针）
8.5（25针）起针　　　　8.5（25针）起针
（-1针）

环形编织
（90针）挑针　**（编织花样D）**

1.5（2行）
11（14行）
19（27行）
8（10行）
（+12针）
2.5（5行）

※ B'= 编织花样B'

编织花样D

6针1个花样
⑤④③②①

编织花样A

4针1个花样
②①
2行1个花样

图1

胁部

⑳⑮⑩⑤①⑫⑩⑤①

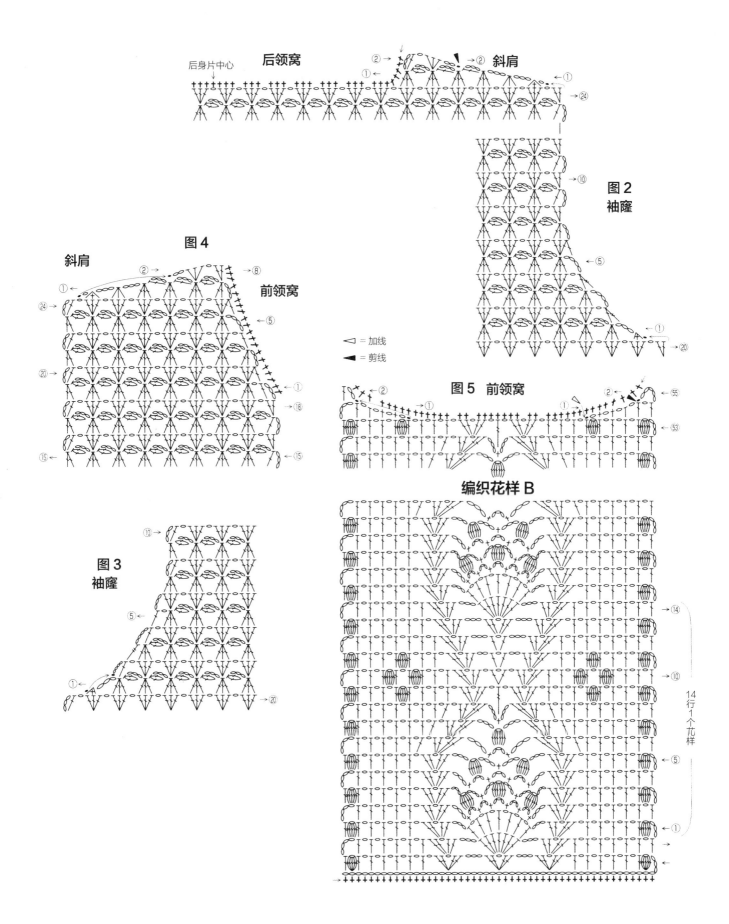

后身片中心　　　后领窝　　　　　　　　② →↓　　▼　② 斜肩

图2
袖窿

图4

斜肩　　　　　　　　② →　　　③ →⑧
① ←　　　　　　　　　　　前领窝

▷ =加线
◀ =剪线

图5　前领窝

编织花样 B

图3
袖窿

14行1个花样

编织花样 B'

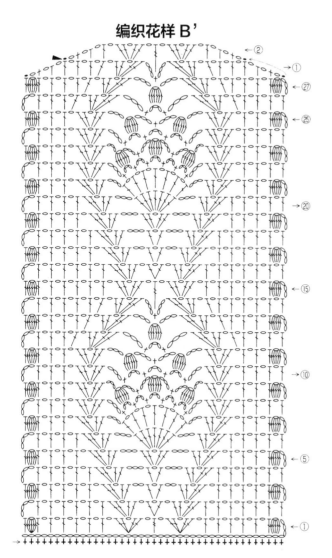

◁ = 加线
◀ = 剪线

图6
袖山

袖下

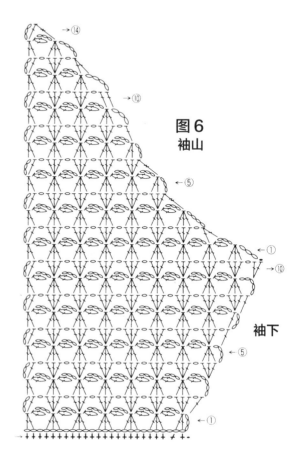

编织花样 C

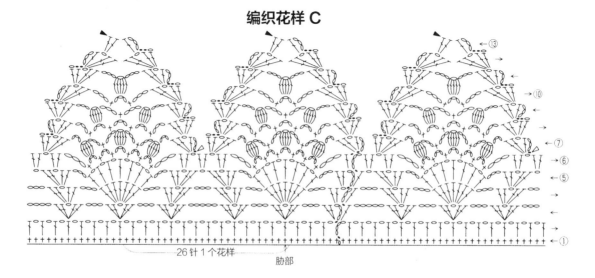

26 针 1 个花样
肋部

page59

37

● **材料** 钻石线 Tasmanian Merino <Malti>（中粗）粉红色与蓝绿色系段染（212）315g/8团，DIASTAR（包扣No.18）5颗

● **工具** 棒针6号、5号、3号

● **成品尺寸** 胸围96.5cm，肩宽35cm，衣长53cm，袖长53.5cm

● **编织密度** 10cm×10cm面积内：上针编织23针，33行；编织花样A 28针，33行

● **编织方法和组合方法** 身片…在下摆位置另线锁针起针后，按上针和编织花样A编织，参照图示通过2针并1针和挂针移动花样。后身片下摆解开另线锁针的起针后按编织花样B编织，第10行编织双罗纹针，结束时做双罗纹针收针。袖子…编织要领与身片相同，如图所示移动花样。组合…肩部做盖针接合。前身片下摆、前门襟、衣领按编织花样B编织，在右前门襟留出扣眼，结束时做双罗纹针收针。胁部、袖下做挑针缝合，袖子与身片做引拔缝合。

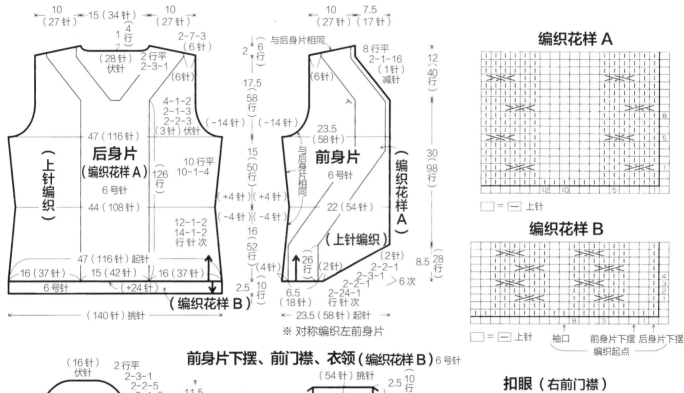

编织花样 A

□ = │─│ 上针

编织花样 B

□ = │─│ 上针

袖口　前身片下摆　后身片下摆
编织起点

扣眼（右前门襟）

包扣 5颗
（上针编织）3号针

2.5 ⌃10行
2.5
（8针）起针

※在四周疏缝一圈，放入纽扣后收紧

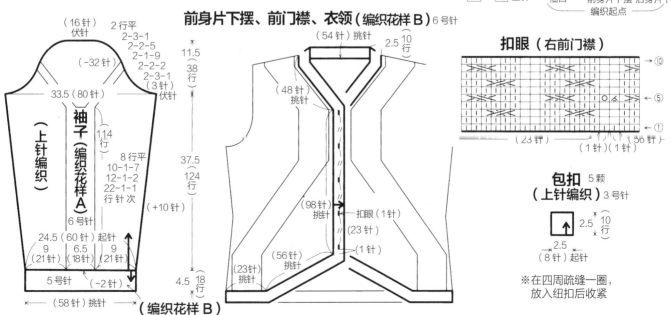

前身片下摆、前门襟、衣领（编织花样B）6号针

袖子（编织花样A）

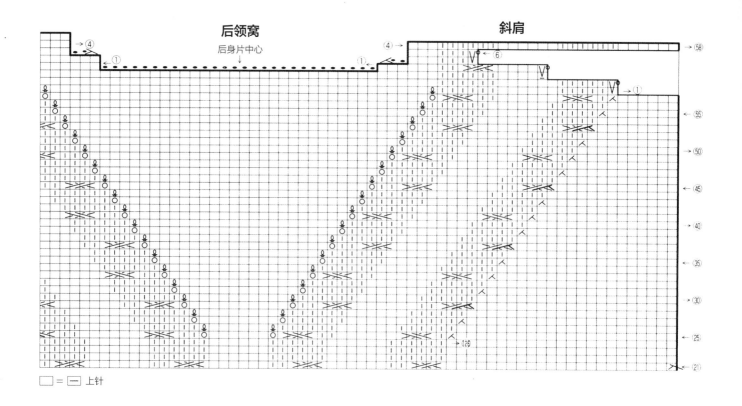

□ = — 上针

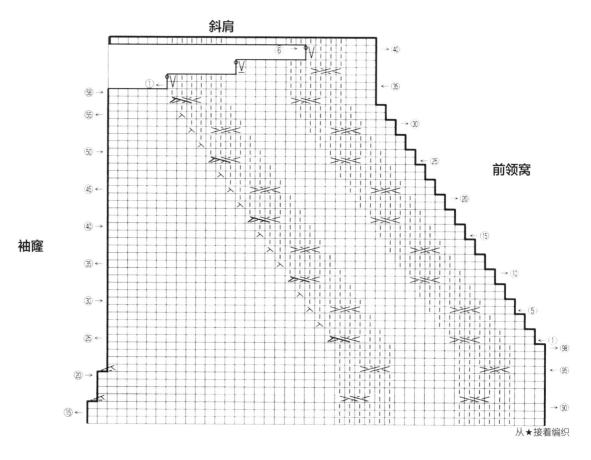

从★接着编织

★袖子的编织图见 p.139

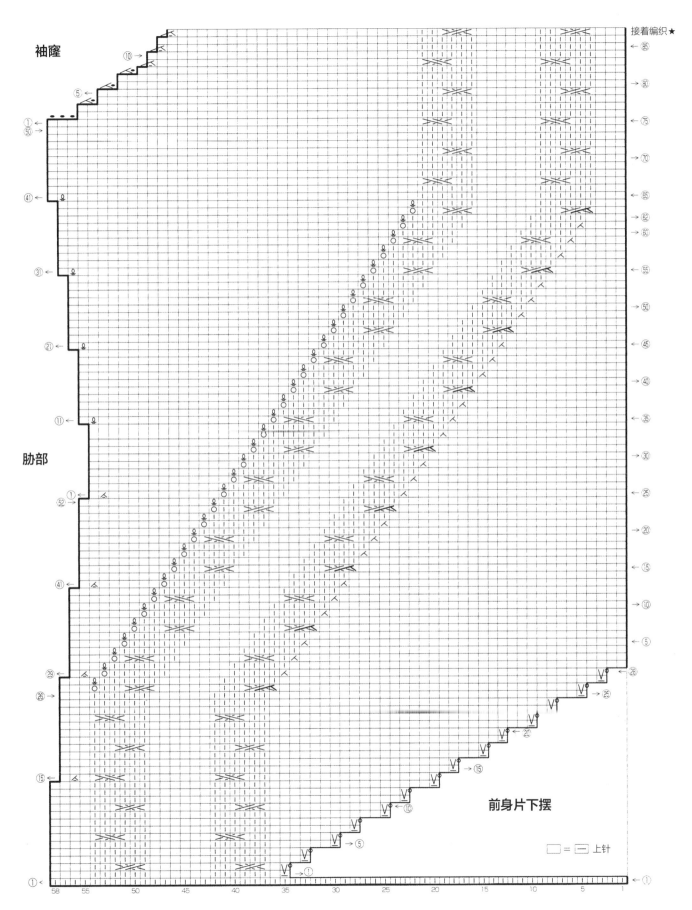

袖窿

肋部

前身片下摆

接着编织★

□ = □ 上针

135

31

● **材料** 钻石线 Tasmanian Merino <Fine>（中细）黑色（118）290g/9团，大号串珠 黑色 78颗

● **工具** 钩针3/0号、2/0号

● **成品尺寸** 胸围92cm，肩宽35cm，衣长65.5cm

● **编织密度** 10cm×10cm面积内：编织花样A 34针，14行；编织花样B 37针，17.5行

● **编织方法和组合方法** 身片…锁针起针后，无须加减针按编织花样A编织。编织花样A'减少花样之间的锁针数形成褶裥的效果。接着按编织花样B继续编织，如图所示在袖窿和领窝减针。组合…肩部根据针目状态钩织"引拔针和锁针"做锁针接合，胁部做锁针缝合。下摆、衣领、袖窿分别环形钩织边缘调整形状。细绳是用2根线合股编织罗纹绳，穿在指定位置。编织小球时，事先在线中穿入串珠，一边加减针一边钩织5圈，并在所有短针里织入串珠。翻至正面，在剩下的3针里穿线收紧，缝在细绳的末端。

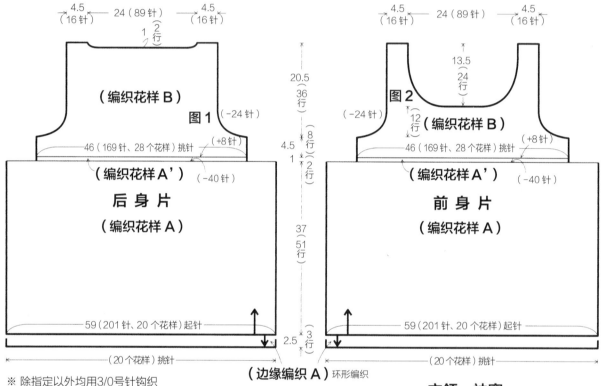

※ 除指定以外均用3/0号针钩织

编织花样A

衣领、袖窿

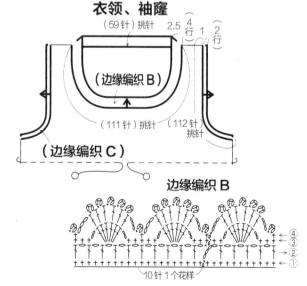

136

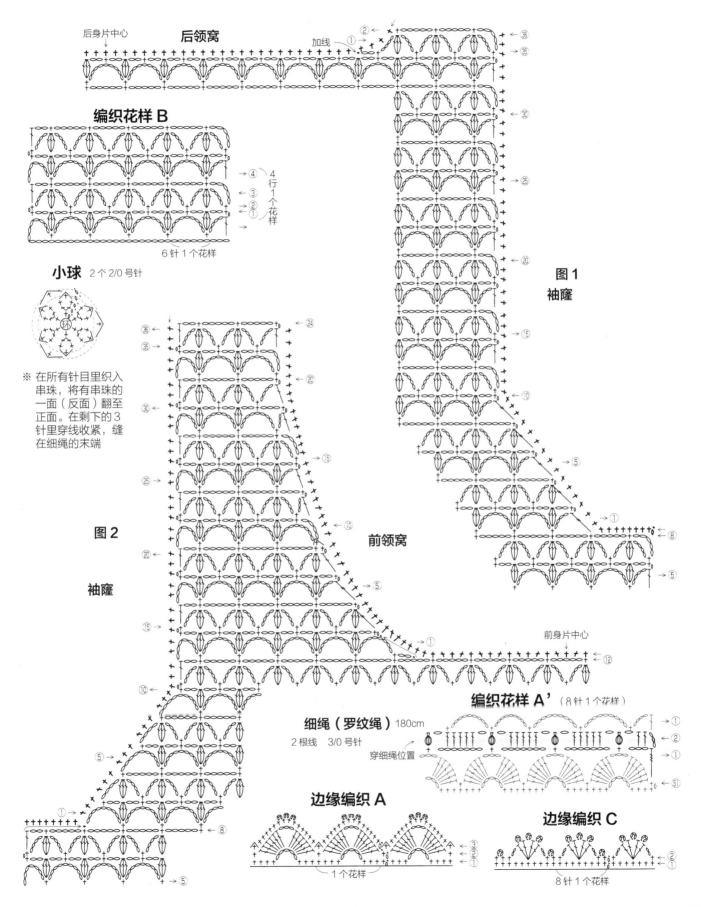

后身片中心　后领窝

加线

编织花样 B

→④　4行1个花样
←③
→②
←①
→

6针1个花样

图1
袖窿

小球　2个2/0号针

※ 在所有针目里织入
串珠，将有串珠的
一面（反面）翻至
正面。在剩下的3
针里穿线收紧，缝
在细绳的末端

图2

袖窿

前领窝

前身片中心

编织花样 A'（8针1个花样）

细绳（罗纹绳）180cm
2根线　3/0 号针

穿细绳位置

边缘编织 A

边缘编织 C

1个花样

8针1个花样

page52

32

●**材料** 钻石线 Diamohairdeux <Alpaca> Print（中粗）粉红色与紫色系段染（604）240g/6团

●**工具** 棒针8号，钩针3/0号

●**成品尺寸** 宽49cm，长163cm

●**编织密度** 10cm×10cm面积内：编织花样A 19针，28行

●**编织方法和组合方法** 披肩…另线锁针起针后，按编织花样A编织。参照图示，利用花样在两侧做5针的加减针，共编织400行。

接着分别按编织花样B、B'、B"编织。挑取指定针数，交界处分别从同一针里挑针，再做卷针加针。如图所示一边编织一边减针，最后在剩下的1针里穿线结束。编织起点解开另线锁针的起针，用相同方法编织。组合…取2根线在4.5cm宽的厚纸上绕80圈制作小绒球，修剪整齐后缝在每个花样的末端。

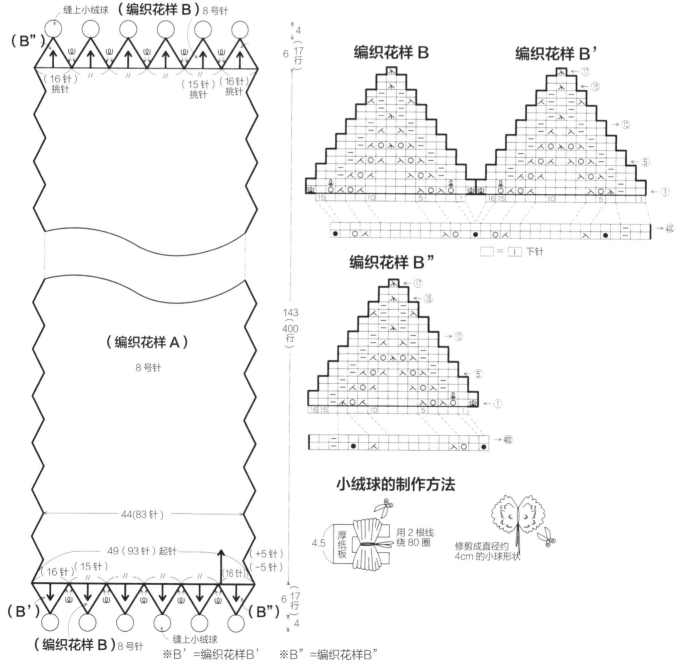

缝上小绒球 （编织花样 B）8号针

（B"）

（16针）挑针　"　"　（15针）挑针　（16针）挑针

4
6 17行

编织花样 B　　编织花样 B'

□ = ｜ 下针

编织花样 B"

（编织花样 A）

8号针

143（400行）

44（83针）

49（93针）起针

（16针）（15针）　"　"　（16针）

（+5针）（-5针）

（B'）　　　　　　　　　（B"）

6 17行
4

（编织花样 B）8号针

缝上小绒球

※B'=编织花样B'　　※B"=编织花样B"

小绒球的制作方法

厚纸板 4.5

用2根线绕80圈

修剪成直径约4cm的小球形状

编织花样 A

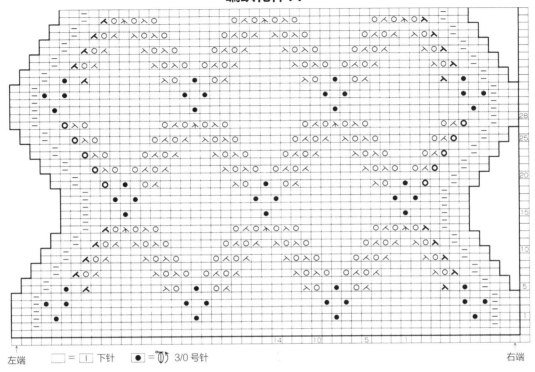

左端　□ = □ 下针　● = ⚇ 3/0 号针　右端

★接 p.133 的作品 37

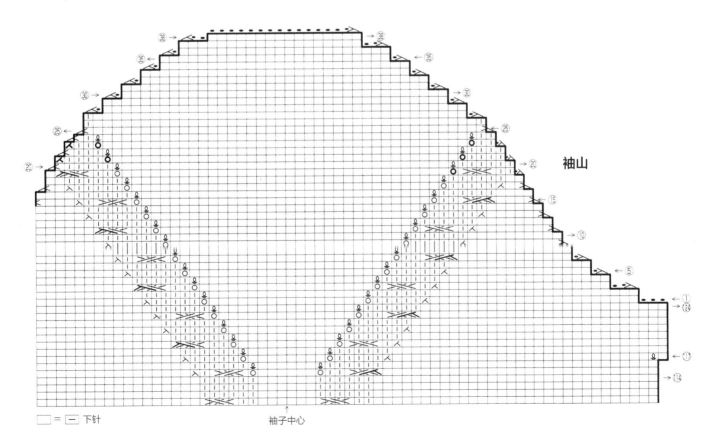

袖山

□ = □ 下针

袖子中心

139

page54

33

●**材料** 钻石线 Diarosette（中粗）红色与粉红色系段染（703）220g/7团
●**工具** 棒针7号、6号
●**成品尺寸** 胸围94cm，肩宽35cm，衣长53cm，袖长13cm
●**编织密度** 10cm×10cm面积内：编织花样A 24针，29.5行；编织花样B 29针，29.5行
●**编织方法和组合方法** 身片…在下摆的花样变换位置手指挂线起针后，按编织花样A、B编织。如图所示，在编织花样A的位置左右对称做分散加针，袖窿和领窝做伏针减针和立起侧边1针的减针。下摆挑针后按编织花样C编织，结束时做下针织下针、上针织上针的伏针收针。袖子…编织要领与身片相同，按编织花样A、D编织。组合…肩部做盖针接合，胁部、袖下做挑针缝合。衣领挑针后按编织花样E环形编织，结束时做单罗纹针收针。袖子与身片做引拔缝合。

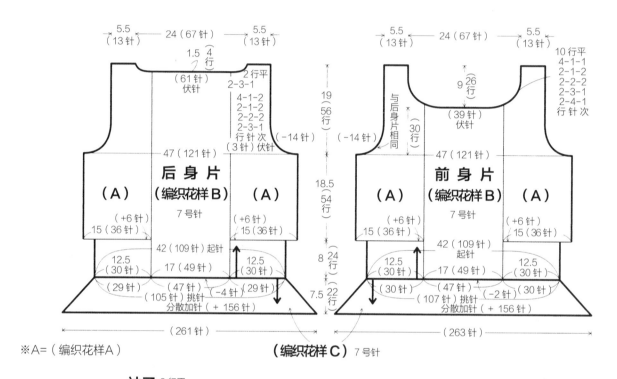

※A=（编织花样A）

（编织花样C）7号针

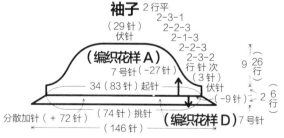

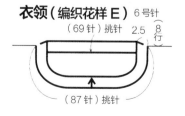

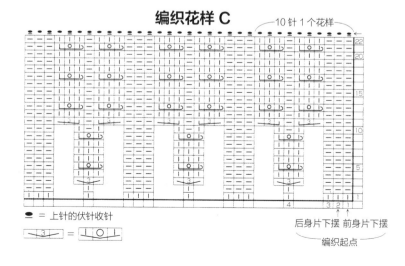

编织花样 A

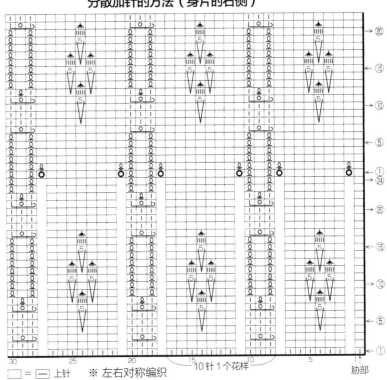

分散加针的方法（身片的右侧）

□ = □ 上针

袖子的编织起点

□ = □ 上针　※ 左右对称编织

10针1个花样

胁部

编织花样 B

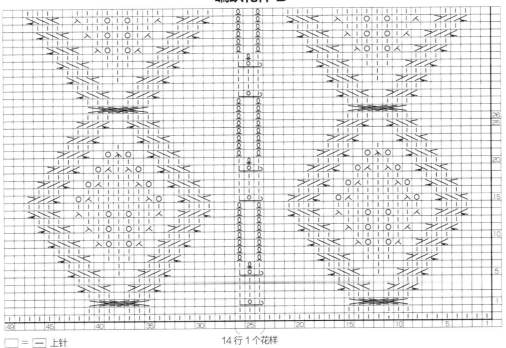

□ = □ 上针

14行1个花样

编织花样 D

8针1个花样

● = 上针的伏针收针

编织花样 E

page55

34

●**材料** 钻石线 Diamohairdeux <Alpaca> Print（中粗）深藏青色、紫色与蓝色段染（607）200g/5团，长径2.5cm的纽扣 7颗
●**工具** 棒针6号、4号、3号
●**成品尺寸** 胸围95cm，肩宽36cm，衣长60.5cm
●**编织密度** 10cm×10cm面积内：编织花样A、B均为27针，28行
●**编织方法和组合方法** 后身片…在下摆的罗纹针变换位置用另线锁针起针后，依次按

编织花样A、B编织。袖窿和领窝做伏针减针和立起侧边1针的减针，斜肩做引返编织。下摆解开另线锁针的起针后编织双罗纹针，结束时做罗纹针收针。前身片…编织要领与后身片相同，注意编织起点的位置。组合…肩部做盖针接合。衣领、前门襟、袖窿分别挑针后编织双罗纹针，在右前门襟留出扣眼。胁部、袖窿的底端做挑针缝合。

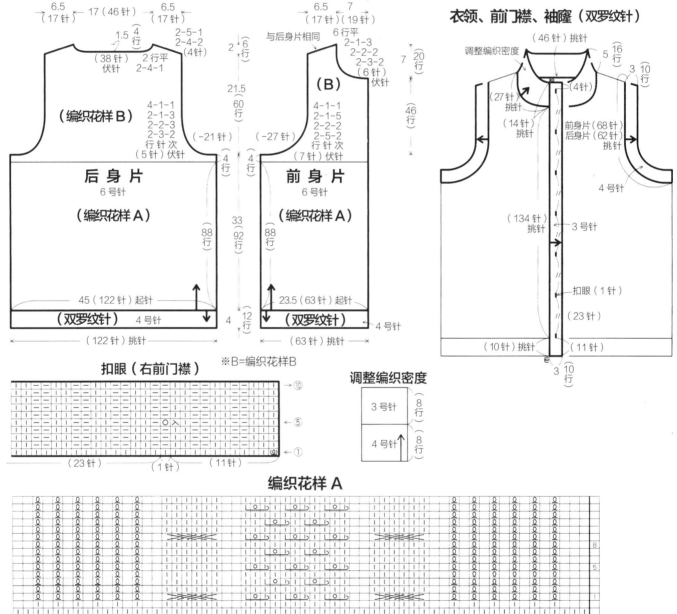

衣领、前门襟、袖窿（双罗纹针）

调整编织密度

6.5（17针） 17（46针） 6.5（17针）

1.5 4行
（38针）伏针 2行平 2-4-1
2-5-1 2-4-2（4针）

6.5（17针） 7（19针）

与后身片相同 6行平
2-1-3 2-2-2 2-3-2（6针）伏针

（编织花样B）
4-1-1 2-1-3 2-2-3 2-3-2 行针次（5针）伏针

（B）
4-1-1 2-1-5 2-2-2 2-5-2 行针次（7针）伏针

后 身 片
6号针
（编织花样A）

前 身 片
6号针
（编织花样A）

2 6行
21.5（60行）

7（20行）
（46行）

88行

33（92行）

88行

（-21针） 4行
（-27针） 4行

45（122针）起针
23.5（63针）起针

（双罗纹针）4号针
（双罗纹针）4号针

4 12行

（122针）挑针
（63针）挑针

（46针）挑针
（4针）
5 16行
3 10行
（27针）挑针
（14针）挑针

前身片（68针）
后身片（62针）挑针

4号针

（134针）挑针
3号针

扣眼（1针）
（23针）

（10针）挑针 （11针）
3 10行

扣眼（右前门襟）
（23针）（1针）（11针）

※B=编织花样B

调整编织密度
3号针 8行
4号针 8行

编织花样 A

□ = 上针

左前身片 右前身片 后身片
编织起点

编织花样 B

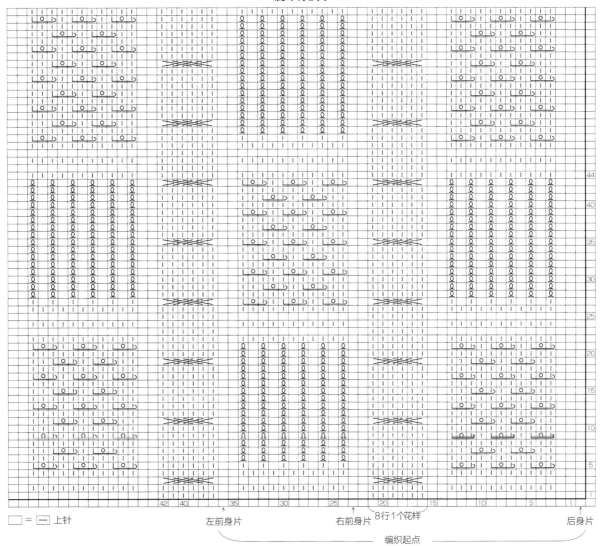

□ = ─ 上针

44
40
35
30
25
20
15
10
5
1

42 40 　　35 　　　30 　　　25 　　　20 　　15 　　　10 　　　5 　　　　1

左前身片　　　　　　右前身片　　8行1个花样　　　　　　后身片

编织起点

1 将2针不编织移至右棒针上，如箭头所示插入左棒针移回针目。

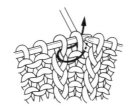

2 第1针也移回至左棒针上，然后如箭头所示从2针的左侧一起插入右棒针。

3 挂线后拉出，将2针一起编织下针。

4 扭针的左上2针并1针完成。

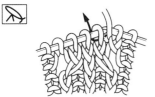

1 如箭头所示将棒针插入最右边的针目里，不编织，直接移至右棒针上。

2 如箭头所示在接下来的2针里插入棒针，将2针一起编织下针。

3 在刚才移至右棒针上的针目里插入左棒针，将其覆盖在已织针目上。

4 扭针的右上3针并1针完成。

page56

35

●**材料** 钻石线 Tasmanian Merino <Tweed>（中粗）深棕色（905）390g/10团

●**工具** 棒针6号、4号

●**成品尺寸** 胸围96cm，肩宽35cm，衣长56.5cm，袖长55cm

●**编织密度** 10cm×10cm面积内：编织花样28针，31行

●**编织方法和组合方法** 身片…在下摆的花样变换位置用另线锁针起针后，按编织花样编织。袖窿和领窝做伏针减针和立起侧边1针的减针，斜肩做引返编织，前领窝的领尖如图所示利用花样减针。下摆解开另线锁针的起针后编织扭针的双罗纹针，结束时做扭针的罗纹针收针。袖子…编织要领与身片相同，另线锁针起针后按编织花样编织。 组合…肩部做盖针接合，胁部、袖下做挑针缝合。衣领从领窝挑针，在V领尖加1针，然后一边环形编织扭针的双罗纹针，一边在领尖减针。袖子与身片做引拔缝合。

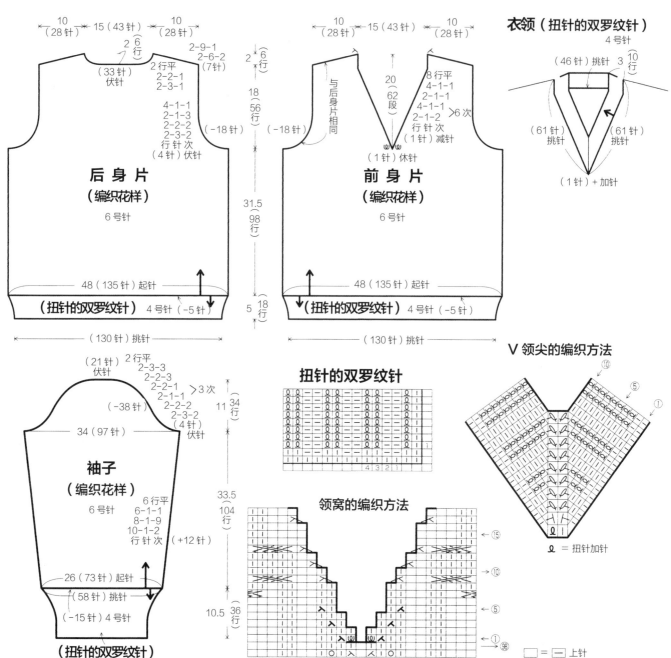

编织花样

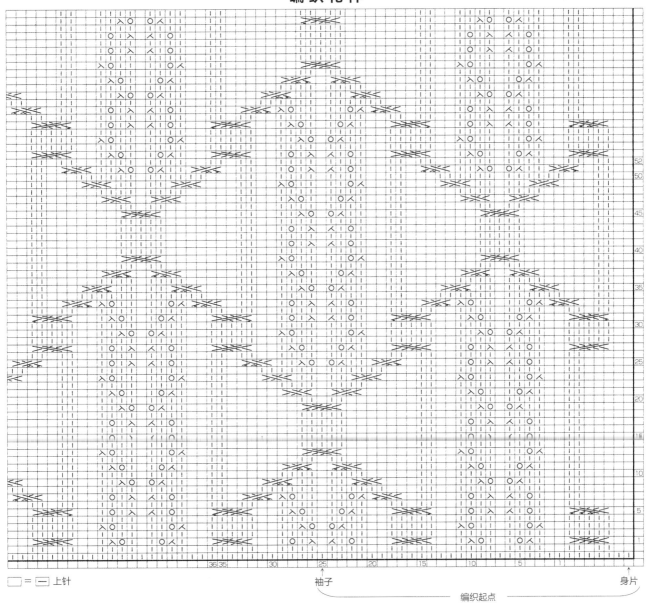

□ = ⊟ 上针

袖子

编织起点

身片

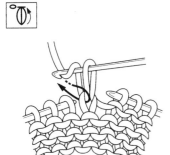

1 用钩针松松地拉出1针,挂线,在同一针目里插入钩针。

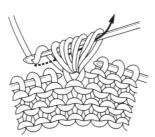

2 挂线后拉出。重复3次,然后一次性引拔穿过所有线圈。

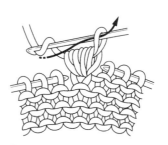

3 如图所示再引拔1次,收紧针目。

4 将枣形针倒向前面,如箭头所示插入钩针引拔。

page57

36

●**材料** 钻石线 Diafelice（极粗）茶色系渐变、肉粉色、灰色与蓝色段染（501）240g/8团

●**工具** 棒针12号、10号、8号

●**成品尺寸** 胸围94cm，衣长54cm，连肩袖长72.5cm

●**编织密度** 10cm×10cm面积内：编织花样A 20针，25行

●**编织方法和组合方法** 身片…在下摆位置另线锁针起针后按编织花样B编织，接着按编织花样A继续编织。插肩线参照图示，在8针的内侧做2针并1针的减针，前插肩线的上端在领窝减针。下摆解开另线锁针的起针，根据针目做下针织下针、上针织上针的伏针收针，注意线不要拉得太紧。袖子…编织要领与身片相同，在袖下做扭针加针。组合…胁部、袖下、插肩线做挑针缝合。衣领看着身片的正面挑针，从第2行开始翻转织物看着内侧按编织花样C编织，一边调整编织密度一边做分散加针。结束时做双罗纹针收针。

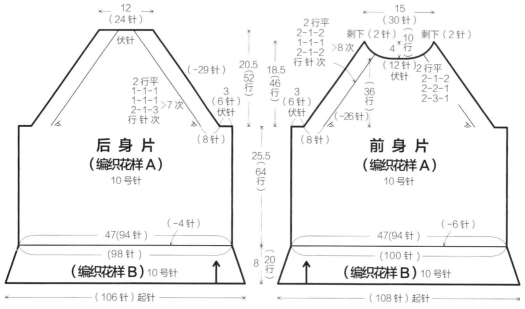

后 身 片
（编织花样A）
10 号针

前 身 片
（编织花样A）
10 号针

（编织花样B）10号针

编织花样A

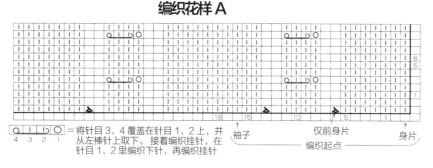

○|○ = 将针目3、4覆盖在针目1、2上，并从左棒针上取下。接着编织挂针，在针目1、2里编织下针，再编织挂针
4 3 2 1

□ = □ 上针

衣领（编织花样C）调整编织密度

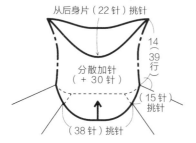

从后身片（22针）挑针

分散加针
（+ 30 针）

14
（39
行）

（15针）
挑针

（38针）挑针

※ 看着身片的正面挑针，从第2行开始看着内侧编织

编织花样C

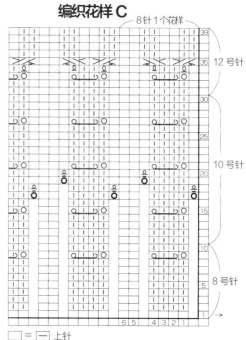

8针1个花样

12 号针

10 号针

8 号针

□ = □ 上针

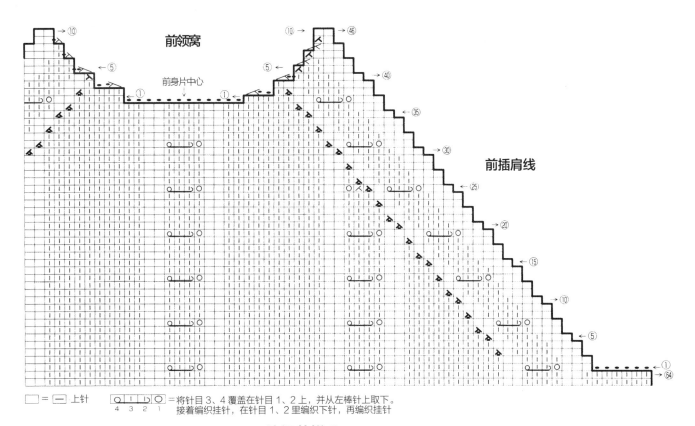

前领窝

前身片中心

前插肩线

□ = ― 上针　　○ い ○ = 将针目3、4覆盖在针目1、2上，并从左棒针上取下。
　　　　　　　4 3 2 1　接着编织挂针，在针目1、2里编织下针，再编织挂针

编织花样 B

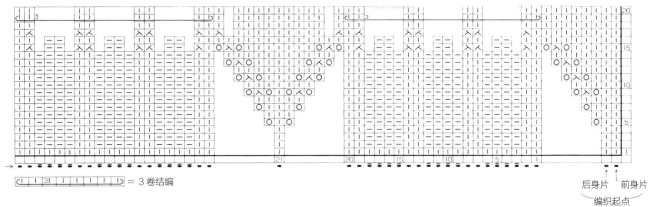

⊏ 31 ⊐ = 3 卷结编

后身片　前身片
编织起点

编织花样 B'

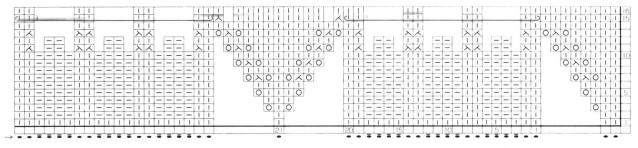

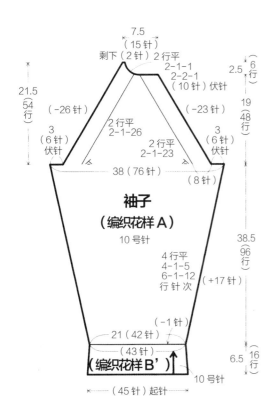

袖子
（编织花样A）
10号针

7.5
（15针）
剩下（2针）2行平
2-1-1
2-2-1
（10针）伏针

21.5
（54行）

（-26针）

2.5
（6行）

19
（48行）

（-23针）

3
（6针）
伏针

2行平
2-1-26

2行平
2-1-23

3
（6针）
伏针

38（76针）

（8针）

4行平
4-1-5
6-1-12
行针次

38.5
（96行）

（+17针）

（-1针）

21（42针）

（43针）

（编织花样B'）

10号针

6.5
（16行）

（45针）起针

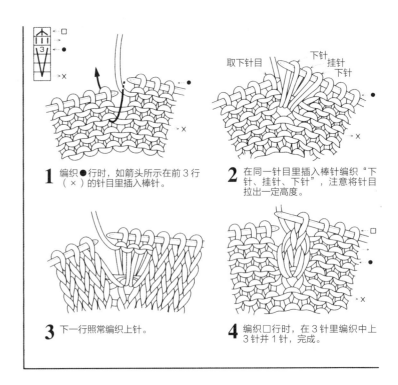

1 编织●行时，如箭头所示在前3行（×）的针目里插入棒针。

2 在同一针目里插入棒针编织"下针、挂针、下针"，注意将针目拉出一定高度。

3 下一行照常编织上针。

4 编织□行时，在3针里编织中上3针并1针，完成。

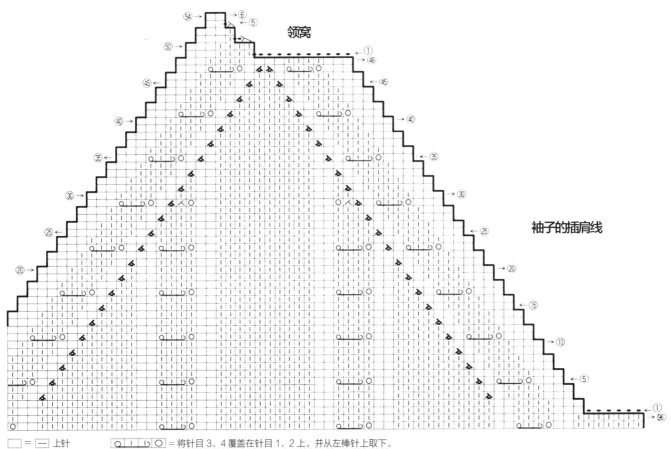

领窝

袖子的插肩线

□ = ─ = 上针

○○|l|○○ = 将针目3、4覆盖在针目1、2上，并从左棒针上取下。
4 3 2 1　接着编织挂针，在针目1、2里编织下针，再编织挂针

148

page60

38

●**材料** 钻石线 Tasmanian Merino <Tweed>（中粗） 米色（901）370g/10 团，直径2.2cm的纽扣 3颗

●**工具** 棒针9号、7号、5号

●**成品尺寸** 长46cm

●**编织密度** 10cm×10cm面积内：编织花样A 28针，31行

●**编织方法和组合方法** 斗篷…在下摆的花样变换位置用另线锁针起针后，按编织花样A编织，如图所示做分散减针，结束时做伏针收针。下摆解开另线锁针的起针，平均加针后按编织花样B编织，结束时根据交叉状态一边交换针目位置一边做双罗纹针收针。组合…前门襟从前端挑针后按编织花样B编织，在右前门襟留出扣眼。衣领看着正面挑针，使第2行成为正面，一边变换针号一边按编织花样C编织。结束时做双罗纹针收针，交叉位置与编织花样B一样交换针目，扭针位置按扭针的方式入针。

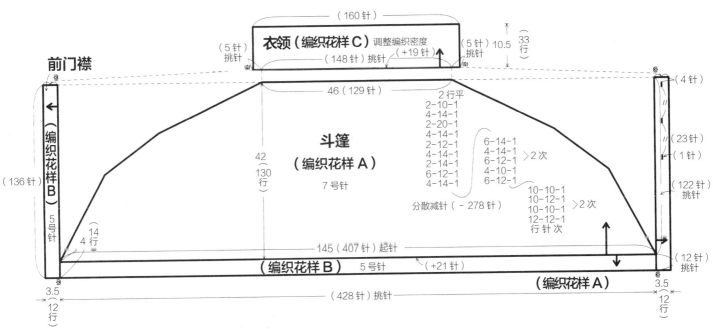

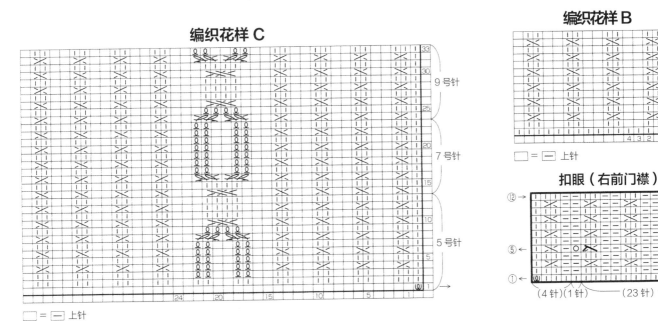

149

编织花样 A

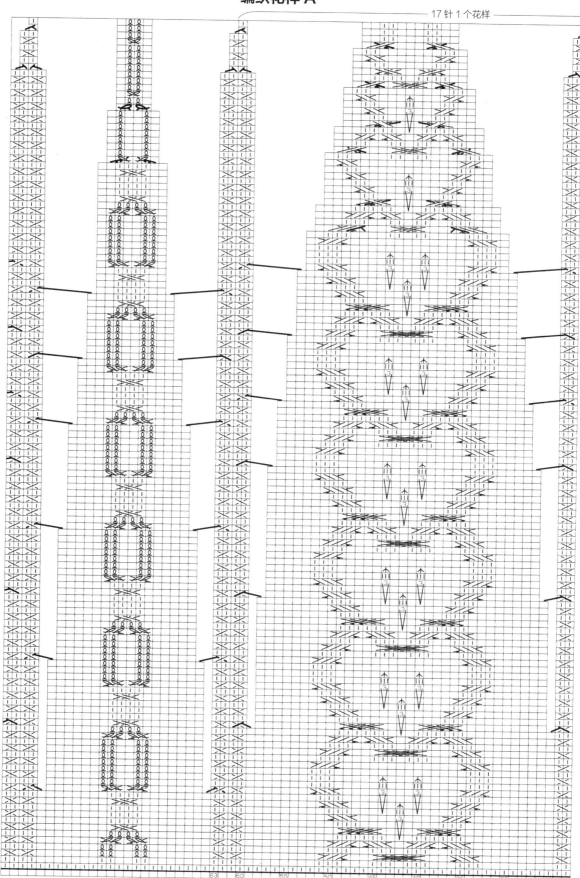

17针 1个花样

□ = □ 上针

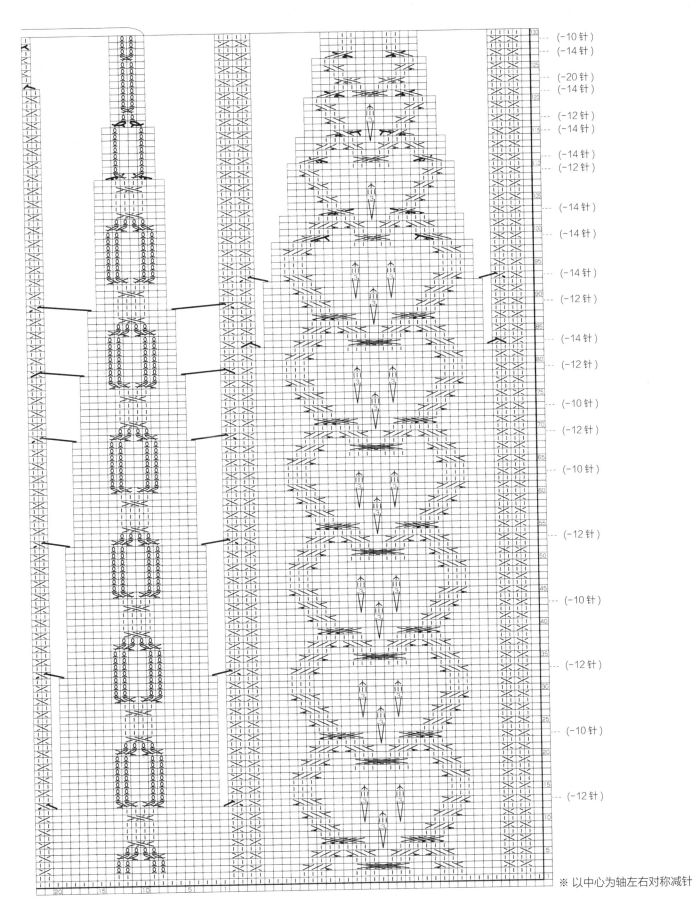

(-10针)
(-14针)

(-20针)
(-14针)

(-12针)
(-14针)

(-14针)
(-12针)

(-14针)

(-14针)

(-14针)

(-12针)

(-14针)

(-12针)

(-10针)

(-12针)

(-10针)

(-12针)

(-10针)

(-12针)

(-10针)

(-12针)

※ 以中心为轴左右对称减针

39

● **材料** 钻石线 Tasmanian Merino <Tweed>（中粗）炭灰色（907）540g/14团

● **工具** 棒针9号、8号、7号、5号

● **成品尺寸** 胸围90cm，衣长66.5cm，连肩袖长71.5cm

● **编织密度** 10cm×10cm面积内：编织花样A 27针，33行；编织花样A'26针，30行；编织花样B 27针，32行

● **编织方法和组合方法** 身片…前、后身片的编织方法相同。在下摆位置另线锁针起针后，按编织花样A'、B编织，如图所示做分散加减针。袖子、育克…连续编织。在左袖口另线锁针起针，按编织花样A以中心为轴左右对称编织，在袖下和领窝做加减针。袖口看着反面按编织花样C编织，结束时做下针织下针、上针织上针的伏针收针。组合…身片与育克做针与行的接合。胁部、袖下做挑针缝合，注意袖口从反面缝合。衣领先编织单罗纹针，然后翻转织物看着内侧按编织花样D环形编织。

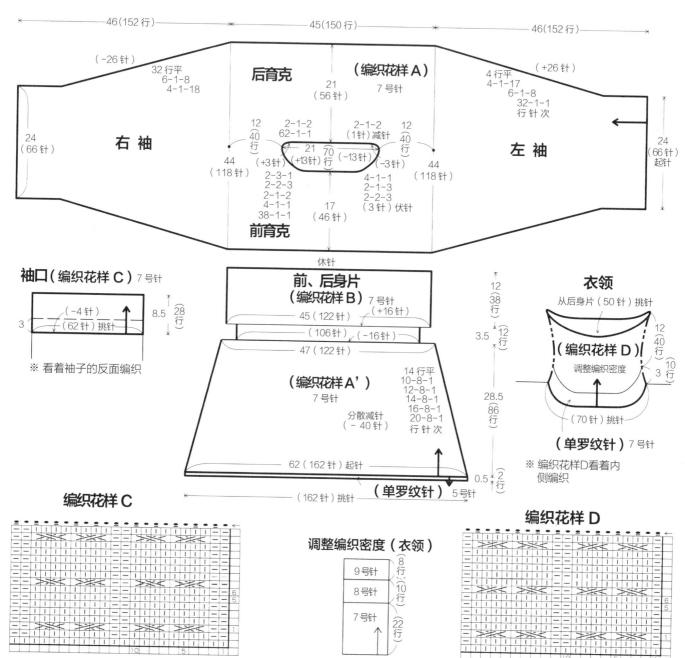

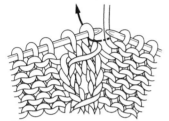

1 在左棒针的第3针里插入右棒针,如箭头所示将其覆盖在右边的2针上。

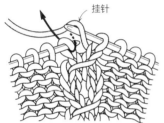

2 从前面将右棒针插入右边的针目,挂线,编织下针。

挂针

3 接着挂针,然后在左边的针目里插入右棒针编织下针。

4 穿过左针的盖针(3针的金钱花)完成。

□ = ─ 上针

⌐○b / 4 3 2 1 = 将针目1移至麻花针上放在织物的后面,在针目2~4里编织"穿过左针的盖针",再在针目1里编织上针完成交叉

│○b / 4 3 2 1 = 将针目1~3移至麻花针上放在织物的前面,在针目4里编织上针,再在针目1~3里编织"穿过左针的盖针"完成交叉

│○b ↖ 4 3 2 1 = 将针目1不编织移至右棒针上,在针目2~4里编织"穿过左针的盖针",与针目1做左上2针并1针

↗ │○b 4 3 2 1 = 在针目1~3编织"穿过左针的盖针",将针目2与针目4做右上2针并1针

编织花样与分散加减针的方法

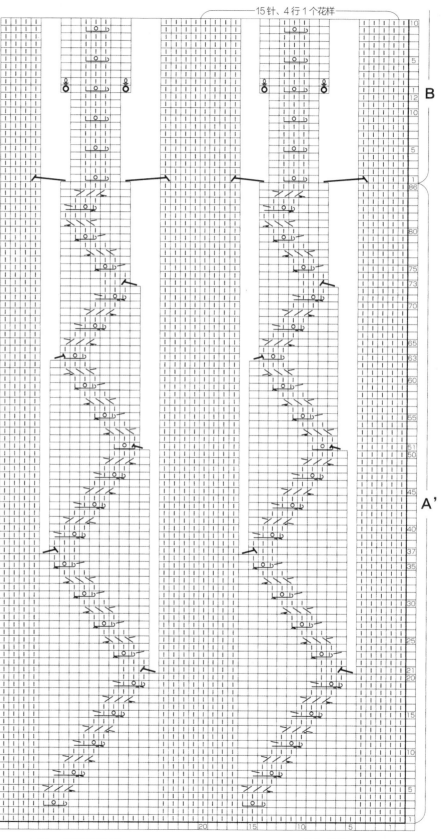

※A'=编织花样A'　　　　　　　　※B=编织花样B

编织花样 A

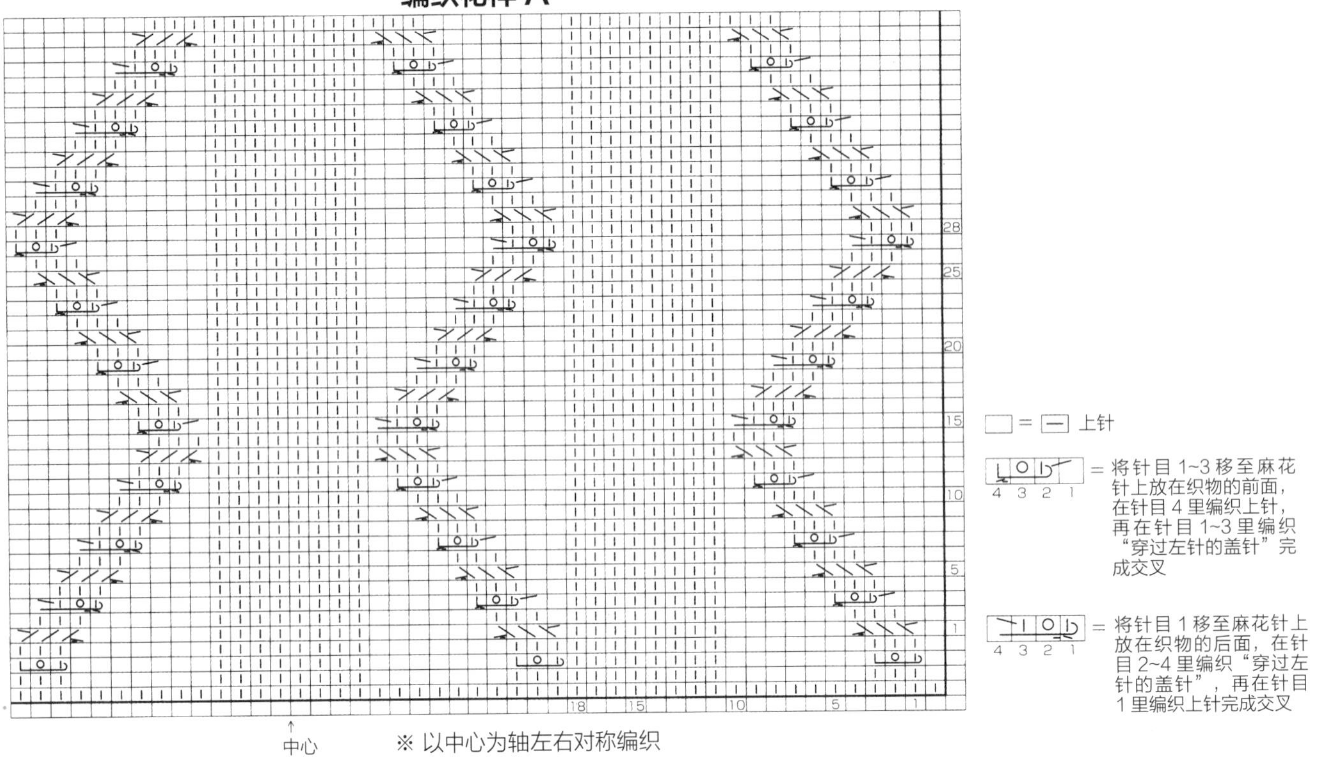

中心
※ 以中心为轴左右对称编织
□ = ⊟ 上针
= 将针目 1~3 移至麻花针上放在织物的前面，在针目 4 里编织上针，再在针目 1~3 里编织“穿过左针的盖针”完成交叉
= 将针目 1 移至麻花针上放在织物的后面，在针目 2~4 里编织“穿过左针的盖针”，再在针目 1 里编织上针完成交叉

★作品 40

编织花样

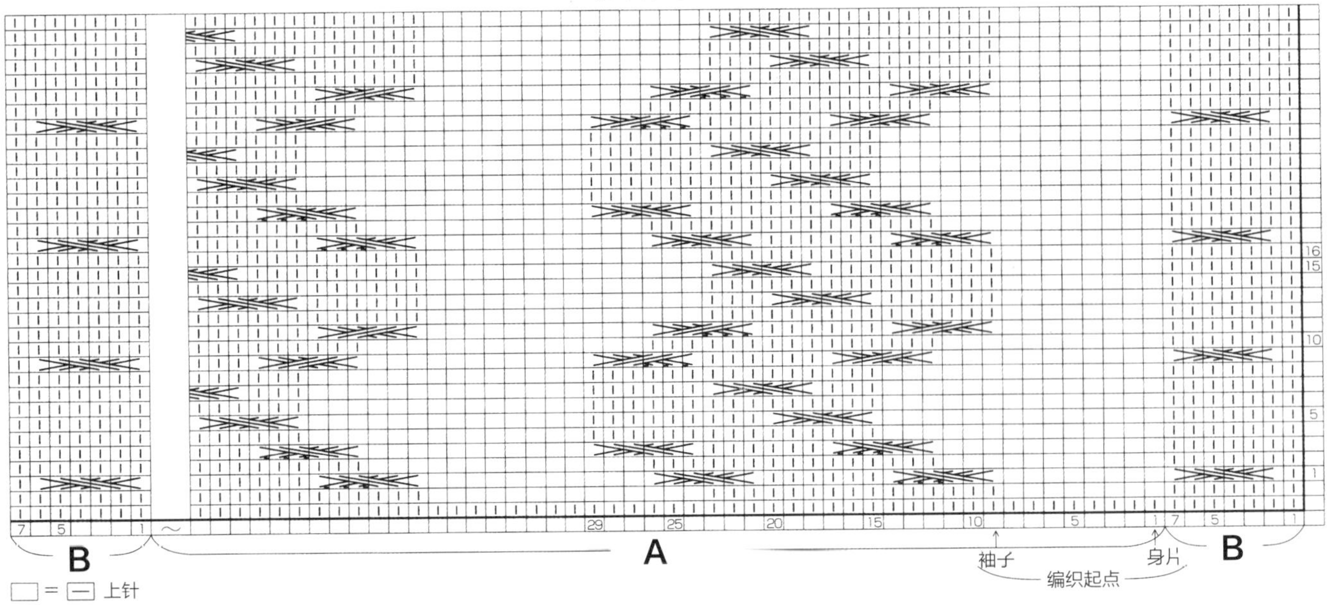

B
A
B
袖子
身片
编织起点

□ = ⊟ 上针

※B=编织花样B

※A=编织花样A

page63

40

●**材料** 钻石线 Diadomina（中粗）灰色渐变的段染（342）540g/14团

●**工具** 棒针9号、7号、6号

●**成品尺寸** 胸围不限，衣长52.5cm，袖长55.5cm

●**编织密度** 10cm×10cm面积内：上针编织19针，27行；编织花样A 26针，27行

●**编织方法和组合方法** 身片…前、后身片连续做横向编织。在左前端另线锁针起针后，无须加减针按编织花样A、B编织，注意在接袖位置编入另线。在右前端，以及解开另线锁针后的左前端编织双罗纹针，结束时做罗纹针收针。袖子…另线锁针起针后，按编织花样A和上针编织，如图所示做加减针。袖口解开另线锁针的起针后编织双罗纹针。组合…拆开接袖位置的另线，将针目做卷针收针。前门襟、衣领挑取指定针数后，引返编织双罗纹针。袖子先在袖下做挑针缝合，再与接袖位置做引拔缝合。

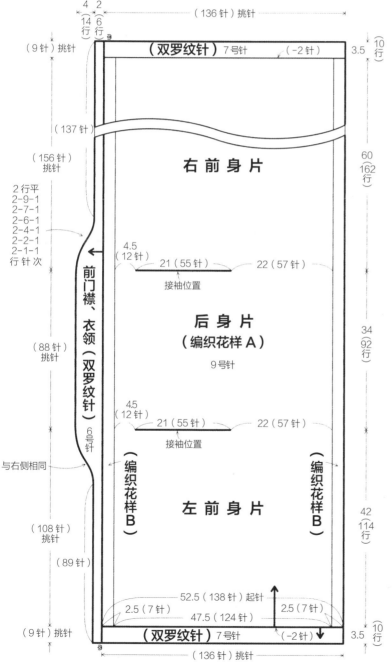

身片图示文字：

4 2
14行 6行
（9针）挑针
（双罗纹针）7号针 （136针）挑针 （-2针）3.5 10行

（137针）

（156针）挑针

右前身片

60（162行）

2行平
2-9-1
2-7-1
2-6-1
2-4-1
2-2-1
2-1-1
行针次

前门襟、衣领（双罗纹针）6号针

4.5（12针） 21（55针） 22（57针）
接袖位置

后身片（编织花样A）9号针

34（92行）

（88针）挑针

4.5（12针） 21（55针） 22（57针）
接袖位置

与右侧相同

编织花样B

左前身片

编织花样B

42（114行）

（108针）挑针
（89针）

52.5（138针）起针
2.5（7针） 47.5（124针） 2.5（7针）
（双罗纹针）7号针 （-2针）3.5 10行
（9针）挑针
（136针）挑针

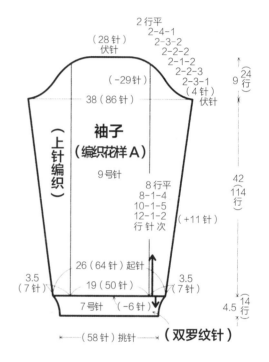

袖子图示文字：

（28针）伏针
2行平
2-4-1
2-3-2
2-2-2
2-1-2
2-2-3
2-3-1（4针）
9 24行
（-29针）
38（86针）伏针

袖子（编织花样A）9号针

（上针编织）

8行平
8-1-4
10-1-5
12-1-2
行针次（+11针）

42（114行）

26（64针）起针
19（50针）
3.5（7针） 3.5（7针）
7号针 （-6针）
（58针）挑针 （双罗纹针）
4.5 14行

★编织花样的符号图见 p.154

起针方法

★另线锁针起针★

因为后面还要解开另线锁针的起针，所以这种起针方法常用于需要在另一边挑针的情况。使用另线，以及比棒针大2号左右的钩针钩织锁针，再从锁针上挑针，注意不要劈开锁针的线。

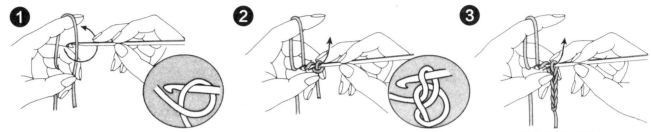

① 将钩针放在线的后面，如箭头所示转动针头挂线。

② 用拇指和中指捏住线的交叉点，针头挂线引拔，拉紧线头。1针完成。

③ 重复针头挂线引拔，比所需针数多钩织几针锁针。最后挂线引拔，剪断线头。

④ 在锁针的里山（凸起的线）里插入棒针，挂线后拉出。在下一针里插入棒针，用相同方法将线拉出。

⑤ 从每个里山挑出1针，挑取所需针数。挑出的针目计为1行。

解开另线锁针的起针进行挑针的方法

一边解开另线锁针，一边将针目移至编织罗纹针所用的棒针上。在第1行的编织终点，如图所示将线头挂在针上一起编织。

★手指挂线起针★

这是经常使用的起针方法，具有伸缩性。起好的针目计为1行。

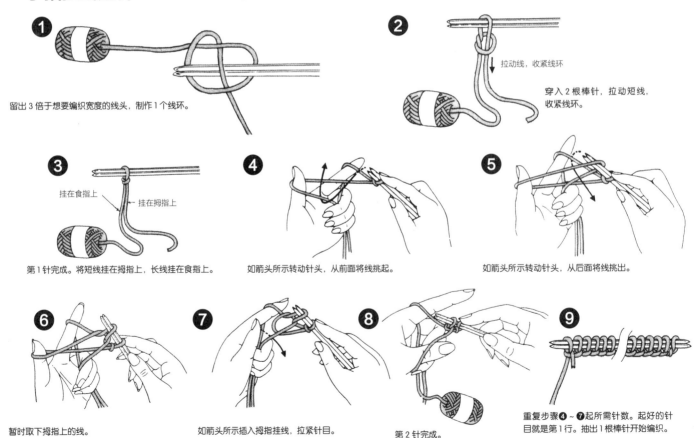

① 留出3倍于想要编织宽度的线头，制作1个线环。

② 拉动线，收紧线环
穿入2根棒针，拉动短线，收紧线环。

③ 挂在食指上 ← 挂在拇指上
第1针完成。将短线挂在拇指上，长线挂在食指上。

④ 如箭头所示转动针头，从前面将线挑起。

⑤ 如箭头所示转动针头，从后面将线挑出。

⑥ 暂时取下拇指上的线。

⑦ 如箭头所示插入拇指挂线，拉紧针目。

⑧ 第2针完成。

⑨ 重复步骤④～⑦起所需针数。起好的针目就是第1行。抽出1根棒针开始编织。

引返编织的方法

用于斜肩等部位，一边依次保留针目，一边编织出倾斜的效果。

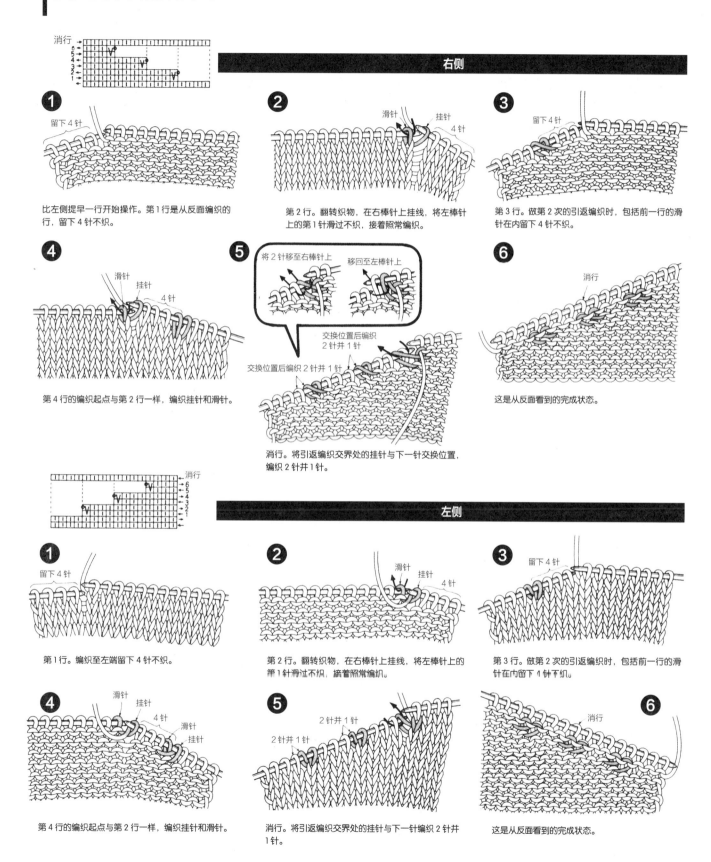

右侧

① 比左侧提早一行开始操作。第1行是从反面编织的行，留下4针不织。

② 第2行。翻转织物，在右棒针上挂线，将左棒针上的第1针滑过不织，接着照常编织。

③ 第3行。做第2次的引返编织时，包括前一行的滑针在内留下4针不织。

④ 第4行的编织起点与第2行一样，编织挂针和滑针。

⑤ 将2针移至右棒针上　移回至左棒针上
交换位置后编织2针并1针
交换位置后编织2针并1针
消行。将引返编织交界处的挂针与下一针交换位置，编织2针并1针。

⑥ 这是从反面看到的完成状态。

左侧

① 第1行。编织至左端留下4针不织。

② 第2行。翻转织物，在右棒针上挂线，将左棒针上的第1针滑过不织，接着照常编织。

③ 第3行。做第2次的引返编织时，包括前一行的滑针在内留下4针不织。

④ 第4行的编织起点与第2行一样，编织挂针和滑针。

⑤ 2针并1针　2针并1针
消行。将引返编织交界处的挂针与下一针编织2针并1针。

⑥ 这是从反面看到的完成状态。

平均计算的方法

所谓平均计算，是指在下摆和袖口的加减针、从身片挑出袖子的针目、针与行的接合、从身片挑出前门襟的针目，以及缝合等情况下，计算出指定针数的加减和行数差的方法。了解平均间隔的计算方法后，编织时会非常方便。这种方法十分简单，请大家务必掌握。

★ 在下摆、袖口的切换位置做加减针时 ★

减针的情况

在下摆、袖口的罗纹针变换位置另线锁针起针后分成上下两侧编织时，下摆、袖口的针数要比起针数少。这种情况下如何计算间隔？减针是在编织第1行时做2针并1针的减针。

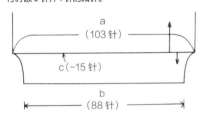

〈例1〉减针的情况

103 针 − 88 针 = 15 针（多的针数减去少的针数，计算出减针数）

88 针 ÷ 15 针 = 5，余 13 针（少的针数除以减针数）

每 6 针减 1 针共 13 次
每 5 针减 1 针共 2 次

☆将其中 1 次的偶数针目平均分在左右两端减针。

减针的间隔

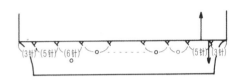

加针的情况

从下摆、袖口的罗纹针位置起针后开始编织时，要在身片和袖子前端加针。这种情况下如何计算？加针是在编织第1行时做扭针加针。

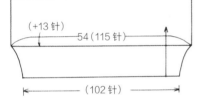

〈例2〉加针的情况

115 针 − 102 针 = 13 针
102 针 ÷ 13 针 = 7，余 11 针

每 8 针加 1 针共 11 次
每 7 针加 1 针共 2 次

☆将其中 1 次的偶数针目平均分在左右两端加针。

加针的间隔

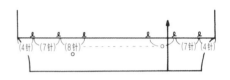

★ 从身片挑出前门襟的针目时 ★

这是从前开襟毛衣的身片挑出前门襟时的计算方法。先要确定从下摆、衣领的罗纹针部分挑针的方法，剩下的部分再进行平均计算。

● 罗纹针部分挑针数的确定方法

● 下摆的罗纹针部分（宽）重复"挑3针，跳过1行"，多出的行直接挑针。

● 衣领的罗纹针部分（窄）重复"挑2针，跳过1行"。

● 身片部分挑针方法的计算

91 针 −（17 针 + 7 针）= 67 针
100 − 67 = 33 +间隔数 1

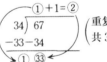

重复"挑出 2 针，跳过 1 行"共 33 次，再挑 1 针

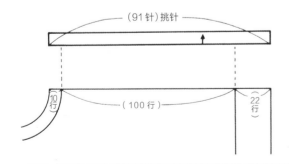

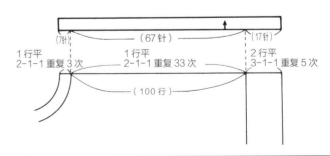

行上的挑针位置

无论是下针还是上针的情况，都在侧边 1 针的内侧，即针目与针目之间入针，挑出针目。

● 表示入针位置。

下针的情况

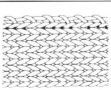

上针的情况

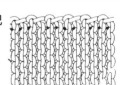

接合方法与缝合方法

我们将针目与针目的连接叫作"接合"，将行与行的连接叫作"缝合"，是将各部件组合成作品时使用的方法。

★引拔接合★

这是肩部接合时最常使用的方法。适用于下针编织以及使用下针一侧的编织花样。如果用于上针的编织花样中，接缝会比较明显。将织物正面相对，各将1针移至钩针上，2针一起钩织引拔针固定。

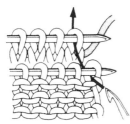
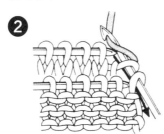
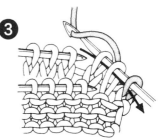

★盖针接合★

常用于肩部的接合。因为多出一个步骤，适合稍有编织经验的人，以及上针编织花样的接合。将前身片放在前面，后身片放在后面，使2片织物正面相对，从前面的针目中拉出后面的针目，再钩织引拔针固定。

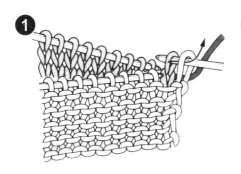
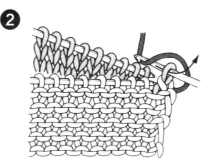
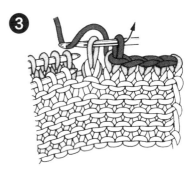

★挑针缝合★

用于胁部和袖下的缝合。将织物正面朝上对齐，一行一行地挑取边针内侧的横向渡线进行缝合。加针的地方，则挑取扭针的根部。将缝合线拉至看不到针迹为止。

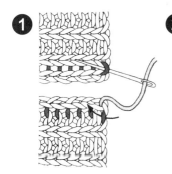
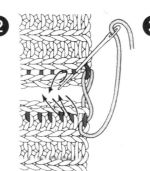
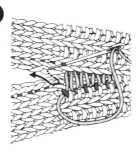
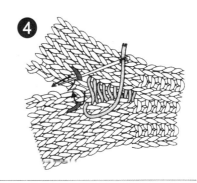

★引拔缝合★

接袖时常用的方法。将2片待缝合的织物正面相对，用钩针在边上1针的内侧引拔连接。技巧十分简单，初学者也能很快掌握。

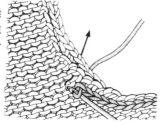

★半回针缝缝合★

将2片织物正面相对，用半回针缝进行缝合的方法。在尖头毛线缝针中穿入缝合线，在边上1针的内侧进行缝合。缝合时，针要垂直于织物出针、入针。这种缝合技巧，有一定的难度。

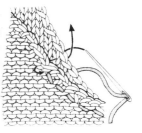

NV80105 COUTEURE KNIT HARU NATSU2 & NV80143 SENRN SARETA OTONA NO KNIT

Copyright ©HITOMI SHIDA/NIHON VOGUE-SHA 2010 All rights reserved.

Photographers：Hitomi Takahashi

Original Japanese edition published in Japan by NIHON VOGUE Corp.

Simplified Chinese translation rights arranged with BEIJING BAOKU INTERNATIONAL

CULTURAL DEVELOPMENT Co., Ltd.

备案号：豫著许可备字 -2021-A-0109

图书在版编目(CIP)数据

志田瞳四季花样毛衫编织 .3 ／（日）志田瞳著；蒋幼幼译 . —郑州：河南科学
技术出版社，2023.6（2024.2 重印）

ISBN 978-7-5725-1126-4

Ⅰ . ①志… Ⅱ . ①志…②蒋… Ⅲ . ①毛衣 - 编织 - 图集 Ⅳ . ①TS941.763-64

中国国家版本馆 CIP数据核字(2023) 第 060922 号

出版发行：河南科学技术出版社

地址：郑州市郑东新区祥盛街27号　邮编：450016

电话：(0371)65737028　　65788613

网址：www.hnstp.cn

责任编辑：刘　欣　刘　瑞

责任校对：王晓红

封面设计：张　伟

责任印制：张艳芳

印　　刷：郑州新海岸电脑彩色制印有限公司

经　　销：全国新华书店

开　　本：889mm×1 194 mm　1/16　印张：10　字数：400千字

版　　次：2023 年 6 月第1版　　2024 年 2 月第 2 次印刷

定　　价：59.00 元